D1920227

E-Book inside.

Mit folgendem persönlichen Code
können Sie die E-Book-Ausgabe
dieses Buches downloaden.

64018-63y6p-
56r00-1vwho

Registrieren Sie sich unter
www.hanser-fachbuch.de/ebookinside
und nutzen Sie das E-Book
auf Ihrem Rechner*, Tablet-PC
und E-Book-Reader.

Der Download dieses Buches als E-Book unterliegt gesetzlichen Bestimmungen bzw. steuerrechtlichen Regelungen, die Sie unter www.hanser-fachbuch.de/ebookinside nachlesen können.

* Systemvoraussetzungen: Internet-Verbindung und Adobe® Reader®

Franz J. Brunner

Japanische Erfolgskonzepte

Herausgeber der Praxisreihe Qualitätswissen ab 2016 Kurt Matyas;
vom Gründungsjahr 1991 bis 2016 Franz J. Brunner.

In der Praxisreihe Qualitätswissen sind bereits erschienen:

Jörg Brenner
Lean Production
Praktische Umsetzung zur Erhöhung der Wertschöpfung
2., überarbeitete und erweiterte Auflage
ISBN 978-3-446-45028-8

Franz J. Brunner
Qualität im Service
Wege zur besseren Dienstleistung
ISBN 978-3-446-42241-4

Franz J. Brunner, Karl W. Wagner,
unter Mitarbeit von Peter H. Osanna, Kurt Matyas, Peter Kuhlang
Qualitätsmanagement
Leitfaden für Studium und Praxis
6., überarbeitete Auflage
ISBN 978-3-446-44712-7

Bernd Klein
Kostenoptimiertes Produkt- und Prozessdesign
ISBN 978-3-446-42131-8

Wilhelm Kleppmann
Versuchsplanung
Produkte und Prozesse optimieren
9., überarbeitete Auflage
ISBN 978-3-446-44716-5

Veit Kohnhauser, Markus Pollhamer
Entwicklungsqualität
ISBN 978-3-446-42796-9

Karl Koltze, Valerie Souchkov
Systematische Innovation
TRIZ-Anwendung in der Produkt- und Prozessentwicklung
2., überarbeitete Auflage
ISBN 978-3-446-45127-8

Kurt Matyas
Instandhaltungslogistik
Qualität und Produktivität steigern
6., aktualisierte Auflage
ISBN 978-3-446-44614-4

Arno Meyna, Bernhard Pauli
Zuverlässigkeitstechnik
Quantitative Bewertungsverfahren
2., überarbeitete und erweiterte Auflage
ISBN 978-3-446-41966-7

Wilfried Sihn, Alexander Sunk, Tanja Nemeth, Peter Kuhlang, Kurt Matyas
Produktion und Qualität
Organisation, Management, Prozesse
ISBN 978-3-446-44735-6

Stephan Sommer
Taschenbuch automatisierte Montage- und Prüfsysteme
Qualitätstechniken zur fehlerfreien Produktion
ISBN 978-3-446-41466-2

Konrad Wälder, Olga Wälder
Statistische Methoden der Qualitätssicherung
Praktische Anwendung mit MINITAB und JMP
ISBN 978-3-446-43217-8

Johann Wappis, Berndt Jung
Null-Fehler-Management
Umsetzung von Six Sigma
5., überarbeitete Auflage
ISBN 978-3-446-44630-4

Franz J. Brunner

Japanische Erfolgskonzepte

KAIZEN, KVP, Lean Production Management,
Total Productive Maintenance, Shopfloor Management,
Toyota Production System, GD^3 - Lean Development

4., überarbeitete Auflage

Praxisreihe Qualitätswissen
Herausgegeben von Kurt Matyas

HANSER

Die Autoren:

Dr. habil. Franz J. Brunner ist Wirtschaftsingenieur, war Manager bei internationalen Fahrzeugkonzernen und befasst sich als Universitätslehrer an der TU Wien und als Herausgeber mit Qualitätswissenschaft.

Bibliografische Information der Deutschen Nationalbibliothek:

Die Deutsche Nationalbibliothek verzeichnet diese Publikation in der Deutschen Nationalbibliografie; detaillierte bibliografische Daten sind im Internet über <http://dnb.ddb.de> abrufbar.

Print-ISBN 978-3-446-45428-6
E-Book-ISBN 978-3-446-45394-4

www.hanser-fachbuch.de
Lektorat: Dipl.-Ing. Volker Herzberg
Satz: Page Create, Berit Herzberg, Freigericht
Coverconcept: Marc Müller-Bremer, Rebranding, München, Germany
Titelillustration: Frank Wohlgemuth, Hamburg
Coverrealisierung: Stephan Rönigk
Druck und Bindung: Kösel, Krugzell
Printed in Germany

Vorwort

Vorwort zur 1. Auflage

Die japanische Industrie hat im Laufe der Jahrzehnte Visionen und Strategien entwickelt und weltweit angewandt, die zu nachhaltigen Unternehmenserfolgen führen.

Die Bemühung um ständige Verbesserung und gleichzeitige Rationalisierung basiert auf langfristigen Prozessen in allen Unternehmensbereichen, die Konsequenz und Disziplin erfordern.

Der japanische Erfolg, speziell in der Automobilindustrie, kommt nicht von ungefähr, sondern ist das Ergebnis langfristiger, Zielgerichteter und konsequenter Arbeit.

Obwohl bereits seit 1986 die japanische KAIZEN-Philosophie durch das gleichnamige Buch von Masaaki Imai [3] auch in den westlichen Industrieländern bekannt geworden war, hat erst im Jahre 1990 die Vergleichsstudie japanischer gegenüber westlicher Automobilhersteller durch das Massachusetts Institute of Technology MIT in Boston [1] für Aufregung und entsprechende operative Anstöße gesorgt. In der Folge wurde in den westlichen Industrien die meisten der hier vorgestellten Strategien, wie LPM, KVP, QC und TPM, durchaus mit beachtlichen Erfolgen angewandt; allerdings nicht immer mit Konsequenz und Nachhaltigkeit. Es fehlt die Einsicht, dass es sich bei der Vielfalt von Methoden und Prozessen um ein verzahntes, sich ergänzendes Ganzes handelt und isolierte Anwendungen nicht den optimalen Erfolg bringen.

Inzwischen haben einige japanische Unternehmen – allen voran Toyota – in geradezu atemberaubender Kontinuität Jahr für Jahr ihre Erfolge trotz divergierender Markttrends weiter ausbauen können. Toyota hat dieses Jahr sogar den Langzeit-Marktführer General Motors überholt und sich damit an die Spitze der Automobilhersteller gesetzt! Inzwischen sind die Koreaner den Japanern auf den Fersen. Analysen haben ergeben, dass neben der disziplinierten Anwendung der Strategien und Methoden, eine sorgsam über Jahrzehnte gepflegte Firmenphilosophie und -Ethik sowie Offenheit für neue, eigenständige Ideen den Erfolgsweg prägen.

Das vorliegende Buch möchte in konzentrierter Form und logischer Verknüpfung die Vielfalt der japanischen Erfolgsstrategien und Methoden, die in Teilen ja vielfach bekannt sind, zusammengefasst und überblickbar darstellen.

Franz J. Brunner *Wien/Ulm, Juni 2008*

Vorwort zur 4. Auflage

Die fortschreitende Globalisierung und das Zusammenwachsen der Märkte sorgen immer deutlicher dafür, dass die Effizienz und Verschlankung der Prozesse zu einer absoluten Grundvoraussetzung für den Unternehmenserfolg werden.

Inzwischen wurde die digitale Vernetzung und Durchgängigkeit des Engineerings über die gesamte Wertschöpfungskette unter dem Begriff Industrie 4.0 zusätzlich ein wichtiges Thema. In Abschnitt 3 wird daher der Versuch einer vergleichenden und ergänzenden Betrachtung ähnlicher Elemente unternommen.

Nach wie vor soll das Buch in bewährter Weise bei der praktischen Umsetzung und Vertiefung fernöstlicher Erfolgskonzepte ein gründlicher und verlässlicher Begleiter sein.

Franz J. Brunner *Wien/Ulm, März 2017*

Geleitwort

Eine turbulentes Umfeld, notwendige Modernisierungen und die Globalisierung fordern von Organisationen eine ständige Anpassung an diese sich ständig ändernden Rahmenbedingungen. Schlanke Strukturen und schlanke Prozesse sind sowohl Anforderung als auch Herausforderung für jedes Unternehmen.

Die Vermeidung von Verschwendung und die Konzentration auf die Wertsteigerung einerseits sowie die nachhaltige und systematische Verbesserung andererseits sind grundlegende Leitgedanken japanischer Unternehmensführung.

Besonders die Automobilindustrie begegnet diesen Herausforderungen mit schlanken und effizienten Prozessen nach dem Vorbild Toyotas. „Toyota“ gilt als Synonym für Konsequenz, denn kein anderer Automobilhersteller setzt seine Prinzipien so konsequent um. „No problem is a problem“ ist das Motto; kein Problem zu haben, impliziert, dass keine Weiterentwicklung stattfindet.

Das Prinzip der kontinuierlichen Verbesserung leitet auch unseren Kollegen Franz J. Brunner. In diesem, seinem neuesten Werk liegt eben dieses Konzept der kleinen aber kontinuierlichen Verbesserungsschritte als grundlegendes Fundament seinen Überlegungen und Ausführungen zugrunde.

Die Begeisterung für „seine“ Themen bringt er in einer – bewusst schlank gehaltenen – Form zum Ausdruck. Besonders hervorzuheben ist der Überblick, den dieses Buch über die verschiedenen Konzepte der kontinuierlichen Verbesserung bietet.

Es ist ihm gelungen die relevanten Thematiken in der notwendigen Tiefe und der erforderlichen Breite zusammenzustellen. Dem Leser erschließt sich der Blick auf das „Ganze“ – also auf die Gemeinsamkeiten, auf das Zusammenwirken und die Grundprinzipien von Qualitätsstrategien, Methoden und Geisteshaltungen erfolgreicher japanischer Unternehmensführung.

Lieber Franz, wir gratulieren Dir zu diesem äußerst gelungenen Werk!

o. Univ.-Prof. Dr. Dr. h.c. Wilfried Sihn

a. o. Univ.-Prof. Dr. Peter Kuhlang

Technische Universität Wien

Institut für Managementwissenschaften

und Fraunhofer Austria für Produktions- und Logistikmanagement

Inhaltsverzeichnis

Auch eine Reise von tausend Meilen
muss mit einem ersten Schritt begonnen werden!

Chinesisches Sprichwort

1 Einführung

1.1 Japanische Vordenker und Pioniere

Jeder Erfolg hat bekanntlich mehrere Väter. Hier soll der Versuch gemacht werden, einige der Vordenker und Vorbilder der „zweiten industriellen Revolution", wie die erfolgreiche japanische Industrieentwicklung auch genannt wurde, besonders zu erwähnen.

Man darf dabei nicht vergessen, dass diese Entwicklung seit mehr als einem halben Jahrhundert vor sich geht! Sie hat also eine sehr lange, mühevolle und durch Beharrlichkeit gekennzeichnete Geschichte.

Unter den Auslösern dieser Entwicklung befanden sich jedoch am Anfang zwei herausragende amerikanische Wissenschaftler, nämlich

Deming, W. E. und **Juran, J. M.** Sie lehrten in Japan die Grundlagen der Qualitätssicherung und Qualitätsplanung. Deming hat auch den nach ihm benannten Deming-Preis in Japan begründet.

Ihnen folgten eine Reihe japanischer Experten. Einige dieser „Gurus" sollen hier genannt werden:

Ishikawa, Kaoru begründet das japanische Total Quality Control TQC sowie das Company-wide Quality Control CWQC, die Qualitätszirkel QC und die sieben Qualitätswerkzeuge Q7.

Taguchi, Genichi weist durch seine Verlustkostenfunktion auf die hohen Zielabweichungskosten hin und entwickelt außerdem vereinfachte statistische Versuchpläne.

Shigeo, Shingo entwickelt Poka Yoke, die Methodik der Fehlhandlungsvermeidung.

Imai, Masaaki propagiert KAIZEN als Verbesserungskonzept der kleinen Schritte unter andern mit der 6 W-Hinterfragetechnik.

Seiiche, Nakajima entwickelt TPM Total Productive Maintenance und das schnelle Umrüsten SMED.

Akao, Yoji entwickelt QFD Quality Function Deployment, eine kundenwunsch-orientierte Produktplanungsmatrix sowie das davon abgeleitete Policy Deployment.

Ohno, Taiichi gilt als der geniale Entwickler des TPS Toyota Production System, Just-in-time JIT, KANBAN und Simultaneous Engineering SE.

Yoshimura, Tatsuhiko hat die Fehlervermeidung in der Entwicklung durch Mizenboushi und das GD³-Konzept systematisiert.

Toyoda, Eiji, Neffe des Toyota Firmengründers und langjähriges Firmenoberhaupt, beeinflusste maßgeblich den Toyota Erfolgsweg zusammen mit Ohno Taiichi, Produktion und Kamiya Shotaro, Vertrieb.

Der japanische Erfolgsweg wurde aber erst möglich durch eine konsequente Einführung und lückenlose Umsetzung der als richtig erkannten Prinzipien und Methoden.

Diese langwierige, konsequente Umsetzung avantgardistischer Ideen in ein flexibles, leistungsfähiges Managementsystem, das die latenten Fähigkeiten der Menschen zur Entfaltung bringt, ist das eigentliche große Verdienst der Japaner.

Ihre „Genialität“ liegt im **alltäglichen Wirtschaften, Produzieren und Verbessern in kleinen Schritten**.

Damit schafften sie einen globalen, industriellen Strukturwandel.

1.2 Das japanische Total Quality Control – TQC

Es ist **Kaoru Ishikawa** zu verdanken, TQC in Japan und darüber hinaus durch sein Buch „What is Total Quality Control, The Japanese Way“ [14] bekannt gemacht zu haben.

Wenn TQC unternehmensweit angewandt wird, kann es zur Erneuerung eines Unternehmens beitragen und zu einer neuen Unternehmensphilosophie werden.

Folgende Leitsätze hat Ishikawa formuliert:

Leitsätze des japanischen TQC

- **Qualität zuerst**, sie ist wichtiger, als kurzfristige Gewinne
- **Kundenorientierung**
- **Kunden-Lieferantenbeziehungen** im ganzen Unternehmen
- **Daten und Fakten verwenden** und mittels statistischer Methoden auswerten
- **Humanitäre und soziale Aspekte** berücksichtigen
- **Mitarbeitereinbeziehung** auf allen Unternehmensebenen
- **Qualitätszirkel** einführen und lebendig erhalten

Das japanische TQC zieht sich wie ein roter Faden durch alle japanischen Unternehmensstrategien und ist als unverzichtbare Grundlage stets präsent. Es wird von den Japanern selbst als gründliche **Managementrevolution** bezeichnet.

Ishikawa hat für TQC auch den Begriff **Companywide Quality Control CWQC** geprägt, der in etwa dem westlichen Total Quality Management TQM entspricht.

Die im Folgenden erörterten Methoden und Strategien habe nahezu alle ihre Wurzeln im TQC - beziehungsweise sind bis heute unverändert geblieben - wie beispielsweise die Quality Circle, das Ishikawa-Diagramm oder die sieben Qualitätswerkzeuge.

1.3 Hoshin Kanri - Policy Deployment

Wovon hängt der Unternehmenserfolg ab, und welche Visionen sind dazu in Strategien und Ziele umzusetzen? Maßgeblich hierfür ist das Management, das diese **Visionen** entwickelt und für deren Übertragung auf das ganze Unternehmen, die Geschäftspartner und den Markt sorgt.

Für die Umsetzung der Ziele einer Qualitätspolitik in Vorgaben und Maßnahmen hat sich eine Methodik etabliert, die sich von dem von Prof. **Yoji Akao** entwickelten Quality Function Deployment ableitet und als **Policy Deployment** - japanisch: „Hoshin Kanri" - bekannt wurde [17]. Policy Deployment konzentriert sich auf die Frage:

WAS MÜSSEN WIR ZUERST TUN, UM DIE BESTEN ZU WERDEN?

Daraus werden konkrete Verbesserungsprogramme für jede Unternehmensebene entwickelt. So ziehen alle am gleichen Strang, weil jeder versteht, wozu das, was er erreichen soll, gut ist.

Für jedes Teil-Verbesserungsprogramm wird es **Schlüsselprozesse** geben, die davon besonders betroffen sind und für welche klare Zielsetzungen vorgegeben werden. Wichtig ist, dass über die verschiedenen Verbesserungsprogramme lückenlos alle Unternehmensbereiche erfasst werden und sich eine *Kultur der ständigen Verbesserung* entwickelt.

Hoshin Kanri ist kurz gesagt die Art und Weise, wie ein Unternehmen die Ziele von der Unternehmensspitze bis zur Ebene der Arbeitsgruppen festlegt.

- *Unternehmensführung:* Zeit, Qualität, Kosten, Innovation, Kundenorientierung, Motivation, Vision, Ergebnis
- *Manager:* Detailvorgaben zu Verbesserung der Prozesse, Unterstützung vor Ort, Prozess- und Projektmanagement
- *Arbeitsgruppen:* Arbeitsplan, Ausführung, Messung, Lösungsmaßnahmen, Shop Floor Management, Qualitätszirkel

1.4 Die Grundlagen der japanischen Produktionsstrategien

Einige grundlegende Gedanken und Ansätze sollen die japanische Mentalität und Vorgehensweise darlegen und andeuten, wo der Erfolg der japanischen Produktionsstrategien seinen Ursprung hat.

- Die **Gruppe hat Vorrang** vor dem Individuum
- ausgeprägter **Sinn für das Ganze**
- **Problemlösungsorientierung** bestimmt die Denkweise
- Akzeptanz von neuen **Mitarbeiterideen** (z. B. aus Qualitätszirkeln)
- ständiges Streben nach **Leistungsverbesserung** durch KAIZEN, Qualitätszirkel und Vorschlagswesen
- **Eliminieren von Verschwendung (Muda)** und allem unnötigen, nicht wertschöpfender Tätigkeiten
- **Eliminieren von Unausgeglichenheit (Mura).** Gleichmäßiger **Flow** der Prozesse ohne Unterbrechung
- **Eliminieren von Überbeanspruchung (Muri),** was bei Mensch, Maschine, Material zu Fehlern führt
- Sichtbarmachen und sofortiges **Eliminieren von Mängel**
- einfache **visuelle Kontrollsysteme**
- Poka Yoke und Baka Yoke oder **narrensichere Lösungen** für Maschinen, Einrichtungen und Arbeiter, um Fehler und Unfälle zu vermeiden
- **Ordnung und Sauberkeit** verbessern Arbeitsmoral und Arbeitsqualität
- Details sind manchmal von entscheidender Wichtigkeit; daher gründliches **Hinterfragen aller Ursachen** auftretender Probleme
- **die Führungsspitze geht vor Ort** und macht sich regelmäßig selber ein Bild von der Situation.

Diese grundlegenden Ansätze sind das sichere Fundament für die Erfolge der japanischen Produktionsstrategien.

1.5 Kultur der Verbesserungsprozesse

Umfassende Qualität bedingt ständige, umfassende Qualitätsverbesserung in allen Unternehmensbereichen.

WER AUFHÖRT BESSER ZU WERDEN, HAT AUFGEHÖRT GUT ZU SEIN!

Das Bemühen um ständige Verbesserung ist ein langfristiger Prozess, der konsequente Planung und Durchhaltevermögen erfordert, bis er zur Selbstverständlichkeit wird. Die Verbesserungspotenziale können durch jeden Mitarbeiter, durch Teams oder durch die Soll-/Ist-Vergleiche des Qualitätscontrollings aufgezeigt werden.

Über die Veränderung von Verhaltensweisen muss das Management ein Klima schaffen, dass einen kontinuierlichen Veränderungsprozess ermöglicht. Es soll eine **Unternehmenskultur der ständigen Verbesserung entstehen**, in der jeder Mitarbeiter seine eigene Arbeit ständig verbessern *will*.

Ein Verbesserungsprozess kann erst in Gang kommen, wenn **messbare Ziele vereinbart** worden sind. Durch eine **Ist-Aufnahme** muss dann die durch Verbesserungsmaßnahmen zu überbrückende Differenz sichtbar gemacht wurde. Darauf baut sich ein **jährliches Verbesserungsprogramm** auf, dessen Erfolg vierteljährlich überprüft wird.

Die systematische Anwendung von Verbesserungsprogrammen geht auf eine Idee von **W. E. Deming** zurück. Der Verbesserungsprozess wird als ein sich weiterbewegendes Rad mit vier Grundaktivitäten dargestellt.

PDCA-Zyklus:	*Plan*	Planung einer Verbesserung
	Do	Ausführung der Verbesserungsmaßnahme
	Check	Überprüfung der Wirksamkeit
	Act	Umsetzung, Standardisierung bzw. Anpassung

Dieser PDCA- oder **Deming-Zyklus** beginnt von neuem, wenn die Umsetzung nicht den angestrebten Erfolg hat oder sich weitere Verbesserungsmöglichkeiten ergeben (Bild 1-1).

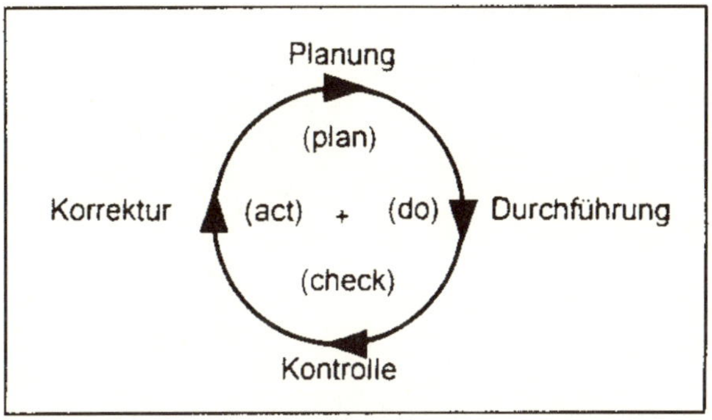

Bild 1-1: PDCA- oder Deming-Zyklus

Bei einer Vielzahl anstehender Probleme muss eine Prioritätenliste erstellt werden, die dann zusammen mit den vorgesehenen Ressourcen und Terminen das Verbesserungsprogramm ergeben. Die Bearbeitung der ausgewählten Problemfelder erfolgt dann nach dem PDCA-Schema:

PROBLEMANALYSE – LÖSUNGSFINDUNG – ÜBERPRÜFUNG – UMSETZUNG

Bei der Durchführung eines Verbesserungsprogramms sind die von den Problemen betroffenen Mitarbeiter einzubinden. Ein Verbesserungsprogramm muss also flexibel gehandhabt werden, gleichzeitig aber das Erreichen der Verbesserungsziele in der vorgegebenen Zeit projektmäßig und konsequent ermöglichen.

Die Bedeutung des Verbesserungsprogramms kann die Geschäftsleitung dadurch unterstreichen, dass sie dieses stets als ersten Tagesordnungspunkt bei Geschäftsleitungsbesprechungen behandelt und qualitätsverbessernde Verhaltensweisen zum Beurteilungskriterium macht.

Zur Eliminierung von **Schwachstellen** mit Priorität soll das Management ad hoc interfunktionale, mit Kompetenz ausgestattete **Qualitätsverbesserungsteams QVT** einsetzen, die über hierarchische Strukturen hinweg die Schwachstellen zu beseitigen haben.

In der Praxis folgt einem Deming-Zyklus unmittelbar der nächste, sodass eine ganze Reihe verketteter Aktivitäten entstehen, die sich zu einer Art Spirale eines Verbesserungsprozesses verdichten können.

Great change is made through small steps.

2 KAIZEN – der japanische Erfolgsschlüssel

2.1 KAIZEN Grundlagen

Der KAIZEN-Weg beruht im Wesentlichen auf dem Prinzip der kleinen Schritte und der aufmerksamen Beobachtung und Wahrnehmung kleiner Momente, die in der Summe zu großen Erfolgen führen.

Das japanische Wort KAIZEN besteht aus dem Symbol KAI „verändern“ und dem Symbol ZEN „gut“ (Bild 2-1). Zusammengesetzt hat es etwa die Bedeutung von „Verändern zum Besseren“. In Japan zählt KAIZEN zu den am meisten gebrauchten Begriffen und gilt als Synonym für **ständige Verbesserung in kleinen Schritten.**

Bild 2-1: KAIZEN-Symbol [3]

KAIZEN ist nicht eine Methode, die bei Bedarf zur Lösung eines Problems eingesetzt werden kann. KAIZEN ist vielmehr als prozessorientierte **Denkweise** im Sinne einer Geisteshaltung zu begreifen, die gleichzeitig Ziel und grundlegende Verhaltensweise im Unternehmen darstellt.

Im Geschäftsleben bedeutet KAIZEN, dass alle Beschäftigen ständig einen Beitrag zur Verbesserung der Geschäftsabläufe leisten und zwar als Einzelner für den eigenen Arbeitsplatz, in der Gruppe für den erweiterten Gruppenarbeitsbereich und in der Unternehmensorganisation für die Veränderung an Systemen und Prozessen. Im Prinzip ist KAIZEN eine **permanente Reise in PDCA-Zyklen.**

Die bei der Verbesserungsarbeit am häufigsten benutzten Methoden sind in Japan die **„Seven Tools Q7"**, allen voran Pareto- und Ishikawadiagramm und das bewusste sorgfältige Hinterfragen aller Probleme durch **6 W** (wer, was, wann, warum, wo, wie).

Japaner und Koreaner verbringen im Durchschnitt 75 Minuten pro Woche mit Verbesserungsaktivitäten in und außerhalb der Arbeitszeit.

Einige wesentliche Voraussetzungen und Elemente von KAIZEN sind nachfolgend zusammengestellt.

KAIZEN Grundlagen

- Anwendung der **Sieben Qualitätswerkzeuge Q7:**
  Fehlersammelliste, Histogramm, Qualitätsregelkarte, Paretodiagramm, Korrelationsdiagramm, Ishikawadiagramm, Stratifikation
- Anwendung der **Sieben Neuen Managementwerkzeuge N7 oder M7:**
  Affinitätsdiagramm, Relationsdiagramm, Baumdiagramm, Matrixdiagramm, Portofolio, Netzplan, Problementscheidungsplan
- Anwendung des **5 S-Programms (TPM):**
  Ordnung, Sauberkeit, Disziplin
- Vermeidung der **drei Mu's:**
  Verschwendung (**Muda**), Überlastung (**Muri**), Abweichung und Unausgeglichenheit (**Mura**)
- Gründliches Hinterfragen jedes Problems mit **6 W:**
  Wer, was, wann, warum, wo, wie.
  Dabei ist das **fünfmalige Warum** (**5 W**) zur gründlichen Ermittlung von Fehlerursachen am wichtigsten!
- Die **4 M**- bzw. **7 M-Checkliste:**
  Problemzerlegung mit **Ishikawa-Diagramm** nach den **4 M** beziehungsweise **7 M:**
  Mitarbeiter, **M**anagement, **M**aterial, **M**aschine, **M**ethode, **M**itwelt(Umwelt), **M**essen
- Verbesserungsarbeit in Gruppen:
  QC Qualitätszirkel und **KVP** kontinuierliche Verbesserungsprozesse

2.1.1 Zwei grundlegende Trilogien

Zu den Grundlagen von Kaizen werden insbesondere nachfolgende zwei Trilogien gerechnet, die Zielrichtung und Wirkung von Kaizen umreißen.

KAIZEN	GEMBA	KANSEI
Fehlerquellen, Fehlleistungen beseitigen.	Kernaufgaben wahrnehmen; nicht verzetteln.	Emotionale Bedürfnisse der Kunden erfüllen.
Kontinuierlich **Verbessern**	Konzentration auf **Wertschöpfung**	Erzielen von **Kundenbegeisterung**

Die zweite Trilogie betrifft ebenfalls das ganze Unternehmen, insbesondere jedoch den Fertigungsbereich.

MUDA	MURI	MURA
Vermeidung von jeder Art unnötiger Bewegung, Lagerung und Fehlleistungen.	Vermeidung von jeder Art von Überlastung, die über eine kurze Zeit hinausgeht.	Vermeidung von Unausgeglichenheit und Abweichungen.
Verschwendung vermeiden	**Überlastung** vermeiden	**Unausgeglichenheit** vermeiden

2.2 Die sieben Qualitätswerkzeuge Q7

Die Qualitätswerkzeuge oder Tools of Quality werden vielfach als „Elementare Werkzeuge der Qualitätssicherung" oder als „Sieben Qualitätswerkzeuge Q7 bezeichnet. Sie wurden von **Ishikawa** ursprünglich zur Anwendung in Qualitätszirkel zusammengestellt. Die Qualitätswerkzeuge Q7 sind einfache Hilfsmittel, die auf grafischer Grundlage aufbauen, um Probleme zu erkennen, zu analysieren und zu lösen. Sie werden meist zur Bearbeitung zahlenmäßig vorliegender Daten eingesetzt.

Die Problemlösungswerkzeuge Q7 mögen als elementare Hilfsmittel gelten, aber sie sind - gründlich angewandt - trotz ihrer Einfachheit erstaunlich wirksam! Und dies nicht nur zur Problemidentifikation sondern auch für die **Problemlösung**.

Es können damit
- Datensammlung und Fehlererfassung
- Fehleruntersuchung Ursachenermittlung und Problemlösung
- Verhindern von Fehlern, Verbesserungsanalyse

durchgeführt werden.

In manchen Q7-Darstellungen wird an Stelle von „Stratifikation" als Q-Werkzeug auch „Brainstorming" genannt. **Brainstorming** ist immer, wenn eine Gruppe sich mit einer Problemlösung beschäftigt eine grundlegende Eingangsmethode. Es werden Ideen und Lösungsvorschläge aus verschiedenen Denkrichtungen gesammelt, bewerten und für weitere Bearbeitung - etwas durch das Ishikawa-Diagramm bereitgehalten.

Hier eine Kurzbeschreibung zunächst der **Q7**, die hauptsächlich zum Einsatz kommen, wenn Daten verfügbar sind, die sich zur **Datenanalyse** eignen und gleichzeitig zur **Problemlösungssuche** beitragen:

Die sieben Qualitätswerkzeuge Q7

1. *Fehlersammelliste* oder Datensammelblatt:
   Systematisches Erfassen und Darstellen der Problemsituation mittels konkreter Daten.
2. *Histogramm:*
   Ordnen der Daten nach der Häufigkeit des (z. B. zeitlichen) Auftretens. Säulendiagramm zur grafischen Darstellung der Häufigkeitsverteilung einer größeren Menge von Daten, die vorher in Gruppen zusammengefasst wurden.
3. *Pareto (ABC)-Analyse:*
   Ordnen der Einflüsse nach deren Wichtigkeit. Trennen der *vital few* von *trivial many.* Säulendiagramm zur grafischen Darstellung der Problemursachen in Reihenfolge der Bedeutung ihrer Auswirkung.
4. *Stratifikation:*
   Trennen und Schichten von Daten unterschiedlicher Herkunft.
5. *Ishikawa- oder Ursache/Wirkung-Diagramm:*
   Analyse der Hauptproblemquellen (7 M: Mensch, Maschine, Methode, Material, Messen, Mitwelt, Management) in Bezug auf ihre Beträge zur Entstehung des untersuchten Problems.
6. *Korrelationsdiagramm:*
   Grafische Darstellung eines vermuteten Zusammenhanges zwischen zwei gleichberechtigten Merkmalen, die als Wertepaar gemessen oder beobachtet wurden. Gesetzmäßigkeiten und Tendenzen aus diesen Daten ableiten.
7. *Qualitätsregelkarte:*
   Regelmäßige Kontrolle, ob ein Prozess innerhalb der Toleranzgrenzen arbeitet, um rechtzeitig eingreifen zu können.

Die Beschreibung der Q7 wird nachfolgend zur Verdeutlichung durch grafische Prinzipskizzen ergänzt.

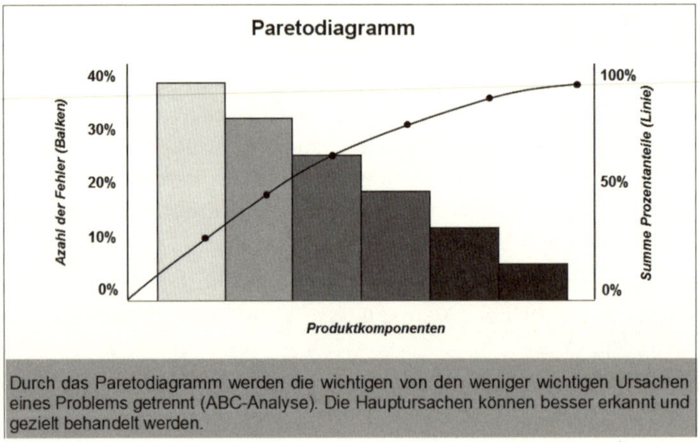

Bild 2-2: Paretodiagramm oder ABC-Analyse

Histogramm

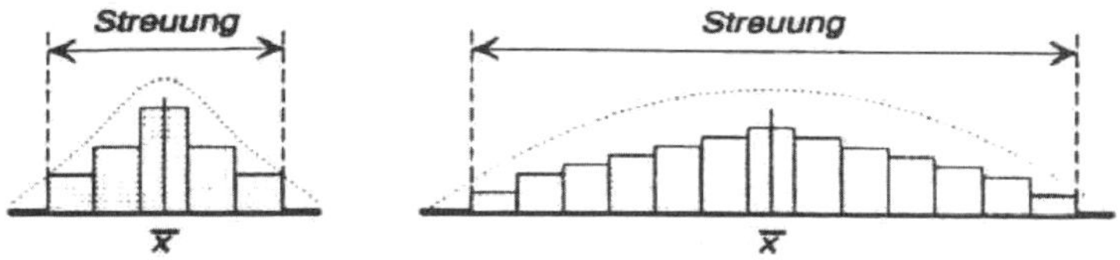

Das Histogramm ist die graphische Darstellung einer Verteilungsfunktion. Es hilft, Einzelergebnisse in eine Gruppe gleicher Ereignisse einzuordnen oder den Bereich zu bestimmen, in dem ein einzelnes Ereignis zu erwarten ist. Wichtige Bestimmungsgrößen sind „Mittelwert“ und„Streuung“ .

Bild 2-3: Histogramm mit Mittelwert x-quer und Streuung

Ursache- Wirkungs-Diagramm

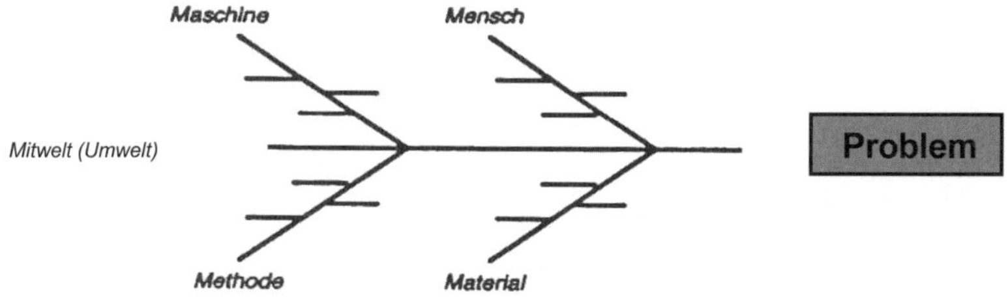

Probleme bzw. Fehler haben häufig mehrere Ursachen, die in vielen Fällen miteinander im Zusammenhang stehen. Im Ursache-Wirkungs-Diagramm werden einem Problem die potenziellen Fehlerursachen zugeordnet und dadurch die Lösung des Problems erleichtert.

Bild 2-4: Ursache-Wirkungs-Diagramm oder Ishikawa-Diagramm. Hier als 5M-Diagramm (Mensch, Maschine, Methode, Material, Mitwelt)

Stratifikation/Datenerfassung

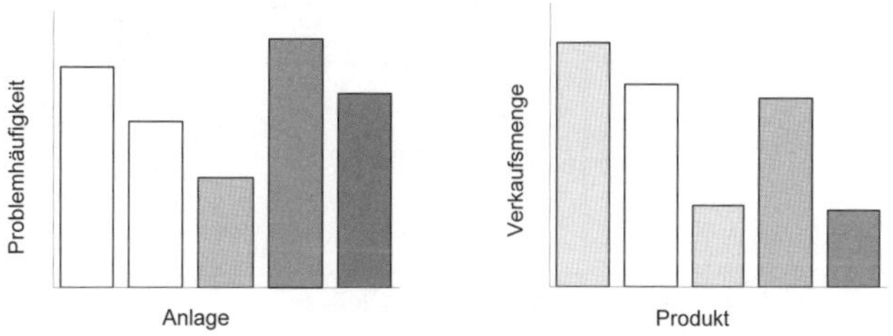

Verschiedene Daten werden gesammelt, um aufgrund von Fakten und Tatsachen urteilen und handeln zu können. Durch die Stratifikation sollen Ursachen identifiziert und Verbesserungsmaßnahmen gesteuert werden.

Bild 2-5: Stratifikation

Korrelationsdiagramm

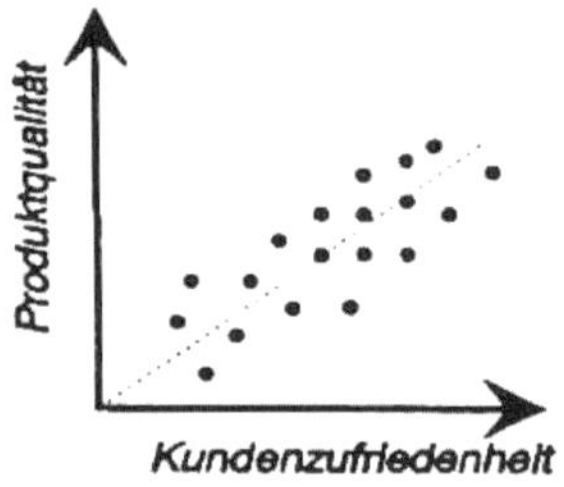

Es wird untersucht, wie die Größe, die beeinflusst werden soll (Zielgröße) von der Größe abhängt, die beeinflusst werden kann (Steuergröße). Das Korrelationsdiagramm zeigt die Beobachtungen (Wertepaare) im Zusammenhang und lässt Gesetzmäßigkeiten erkennen.

Bild 2-6: Korrelationsdiagramm

Regelkarte

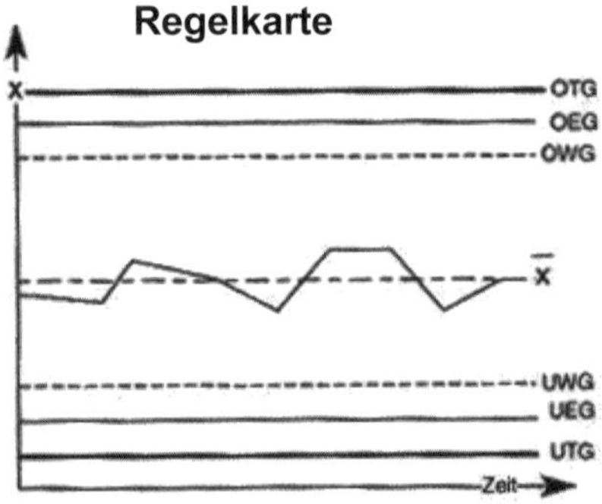

Die Regelkarte macht sichtbar, ob die schwankenden Einzelwerte eines sich wiederholenden Prozesses in tolerierbaren Grenzen liegen. Werden festgelegte Grenzen überschritten, muss steuernd in den Prozess eingegriffen werden, um Störungen oder Ausschuss zu vermelden.

Bild 2-7: Qualitätsregelkarte

Strichliste

Fehlerart		*Anzahl*
Kratzer	卌 卌 卌 II	*17*
Verätzung	卌 卌 II	*12*
Läufer	III	*3*
Beschädig.	卌 卌 III	*13*
versch.	II	*2*
Summe	卌 卌 卌 卌 卌 卌 卌 卌 II	*42*

Die Strichliste ist ein einfaches Merk- und Darstellungsmittel für die Datenerfassung und -darstellung. Mit ihrer Hilfe kann die Anzahl der Eintritte von bekannten Problemen „gesammelt“ werden.

Bild 2-8: Strichliste oder Fehlerdaten-Sammelblatt

2.3 Die neuen sieben Managementwerkzeuge M7

Die sieben Managementwerkzeuge wurden 1978 in Japan unter der Bezeichnung „New Seven Tools für Quality Control" veröffentlicht. Es handelt sich dabei um einfache Methoden zur Unterstützung von Problemlösungs- und Entscheidungsprozessen. Dabei werden vor allem grafische Hilfsmittel angewendet, um eine unübersichtliche Menge von Informationen zu ordnen.

Es handelt sich dabei meist um viele Informationen, die für das Management wichtig sind, aber nicht immer nur in Zahlen vorliegen aber trotzdem zur **Entscheidungsfindung** in geeigneter Weise aussagekräftig geordnet werden sollen.

Die M7 werden insbesondere im Rahmen von Gruppenarbeit während der Entwicklungs- und Planungsphase eingesetzt, wo kaum zahlenmäßige Daten zur Verfügung stehen. Sie fördern eine geordnete Vorgehensweise bei Problemuntersuchung, Lösungs- und Entscheidungsfindung.

Hier eine Kurzbeschreibung der N7 oder M7, die hauptsächlich zur Unterstützung von Entscheidungsprozessen dienen.

Diese Reihung der M7 entspricht in etwa allen aufeinander aufbauenden Phasen eines Problemlösungsprozesses der zur Entscheidungsfindung und deren Um-setzung dient.

Die Neuen sieben Managementwerkzeuge N7 oder M7

- *Affinitätsdiagramm*: Bringt durch Gruppierung Ordnung in eine Ideenvielzahl. Nach Oberbegriffen gesammelte und verdichtete Fakten und Ideen
- *Interrelationsdiagramm:* Zeigt Wechselbeziehungen zwischen verschiedenen Argumenten und Sichtweisen auf. Trägt zur Vereinfachung komplizierter Zusammenhänge bei.
- *Baumdiagramm*: Gliedert ein Thema in verschiedene Ebenen auf und erzeugt damit eine geordnete Übersicht über Mittel und Maßnahmen zur Problemlösung.
- *Matrixdiagramm* : Beziehungen und Wechselwirkungen zwischen zwei Merkmalgruppen werden übersichtlich dargestellt und bewertet.
- *Portofolio* : Verdichtete Darstellung von Daten nach zwei bzw. drei Kriterien, dargestellt in einem Achsenkreuz.
- *Netzplan* : Der zeitliche Ablauf eines Projektes wird logisch verknüpft und die kritischen Punkte sichtbar gemacht. Damit kann Störungen rechtzeitig vorgebeugt werden.
- *Entscheidungsbaum* : Berücksichtigt im Vorhinein mögliche Schwierigkeiten und baut Gegenmaßnahmen dazu ein.

Die M7 werden nachfolgend zur Verdeutlichung durch grafische Prinzipzkizzen dargestellt.

Affinitätstafel

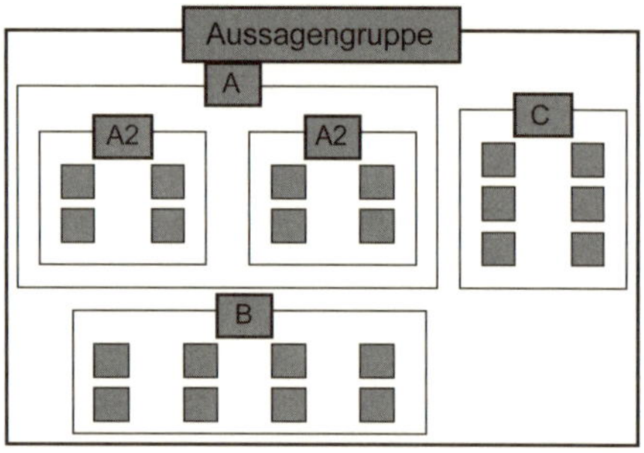

Mithilfe der Affinitätstafel werden verschiedenartige verbale Aussagen zu strukturierten Arbeitsgundlagen gruppiert und aufbereitet.

Bild 2-9: Affinitätsdiagramm

Interrelationsdiagramm

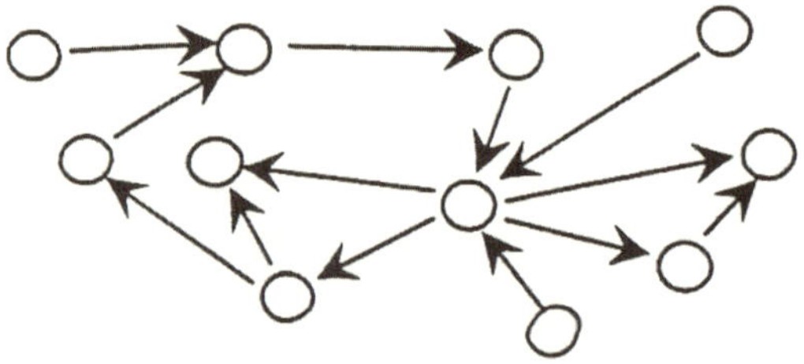

Das Interrelationsdiagramm dient der generellen Planung und soll eine bessere Übersicht über komplexe Zusammenhänge und Netzwerke ermöglichen.
Durch die Pfeile wird sichtbar gemacht, welche Idee eine andere beeinflusst. Es kann analysiert werden, von welchen Kreisen (Idee) die meisten Pfeile ausgehen bzw. in welche Kreise die meisten Pfeile hineingehen.

Bild 2-10: Interrelationsdiagramm

Baumdiagramm

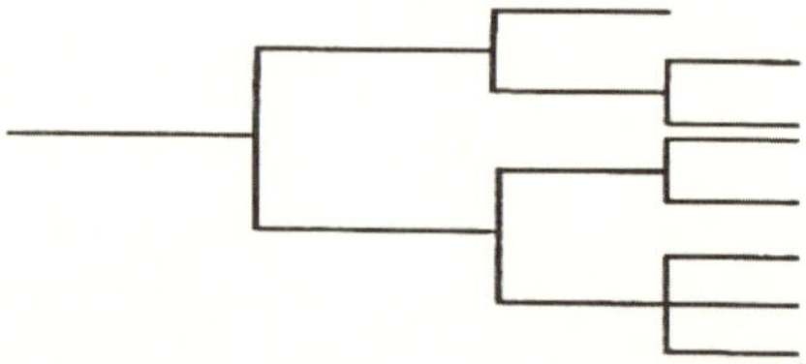

Mithilfe des Baumdiagramms werden Zusammenhänge oder Abläufe in zunehmendem Detaillierungsgrad strukturiert. Durch die logische Darstellung der Zusammenhänge können Fehler frühzeitig aufgedeckt und neue Ideen gewonnen werden.

Bild 2-11: Baumdiagramm

Matrix-Tafel

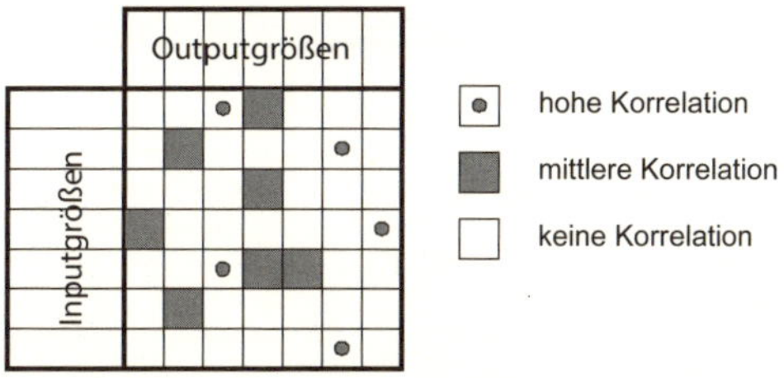

Anhand der Matrix-Tafel werden zwei Gruppen von Ideen verglichen; mit dem Ziel, Zusammenhänge festzustellen und gegebenenfalls zu gewichten. Durch eine Analyse der Matrix werden Vorstellungen verdeutlicht und zusätzliche Erkenntnisse gewonnen.

Bild 2-12: Matrixdiagramm

Netzplan

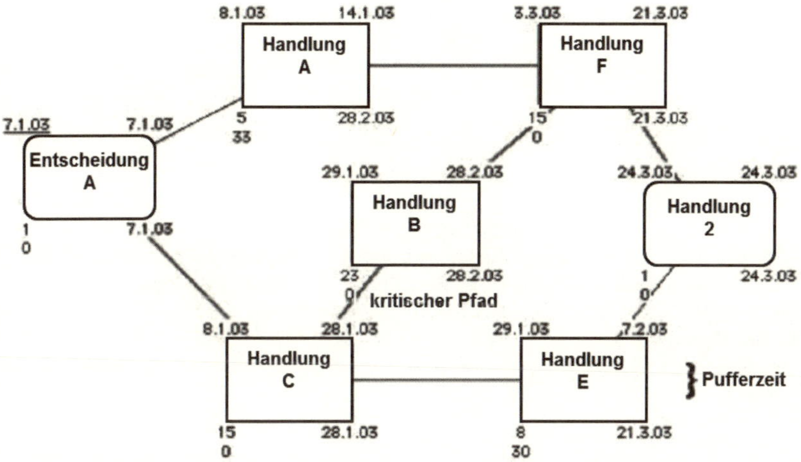

Quelle: http://www.isl.uni-karlsruhe.de/module/netzplantechnik/netzplantechnik.html

Der Netzplan stellt logische Zusammenhänge dar und ermöglicht die Bestimmung von kritischen Pfaden. Besonders die Feststellung von Engpässen ist ein wichtiger Grund für die Erstellung eines Netzplanes. Zeitengpässe werden rechtzeitig erkannt und durch Ablaufänderungen aufgelöst.

Bild 2-13: Der Netzplan

Entscheidungsbaum

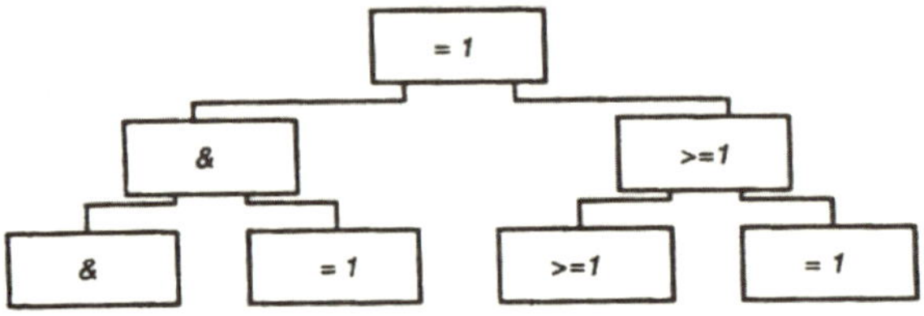

Der Entscheidungsbaum dient der Darstellung von logischen Zusammenhängen mit Entscheidungskriterien. Der Entscheidungsprozess wird beschleunigt und unlogische Entscheidungen werden vermieden.

Bild 2-14: Entscheidungsbaum

Portofolio

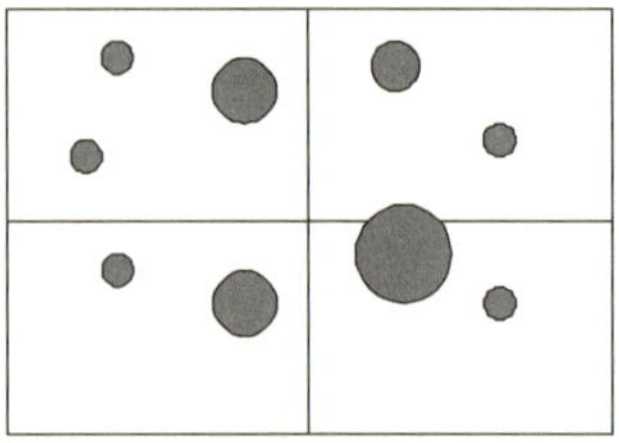

Das Portofolio stellt drei Größen im Zusammenhang dar. Die Ausprägungen dieser Größen werden durch die Lage der Punkte im Koordinatenkreuz und deren Umfang verdeutlicht. Dargestellte Größen können z. B. Preis, Funktionalität und, ausgedrückt im Umfang der Punkte, Marktanteil sein.

Bild 2-15: Portofolio

2.4 Die 6 W-Hinterfragetechnik und die 4 M- bzw. 7 M-Checkliste

2.4.1 Die 6 W-Hinterfragetechnik

Die 6 W (was, wer, wo, wann, warum, wie) sind eigentlich eine sechs Mal 6 W-Checkliste, wie sie in Bild 2-16 dargestellt ist. Das wären also genau genommen **36 Fragen**! Das äußerst gründliche Hinterfragen ist eine besondere japanische Eigenart.

Die sechste Frage jedes Fragewortes bezieht sich jeweils immer auf die **Vermeidung der drei Mu's** (Muda: Verschwendung, Muri: Überlastung, Mura: Unausgeglichenheit).

Wer	Was	Wo
1. Wer macht es?	1. Was ist zu tun?	1. Wo soll es getan werden?
2. Wer macht es gerade?	2. Was wird gerade getan?	2. Wo wird es getan?
3. Wer sollte es machen?	3. Was sollte getan werden?	3. Wo sollte es getan werden?
4. Wer kann es noch machen?	4. Was kann noch gemacht werden?	4. Wo kann es noch gemacht werden?
5. Wer soll es noch machen?	5. Was soll noch gemacht werden?	5. Wo soll es noch gemacht werden?
6. Wer macht die 3 MU?	6. Welche 3 MU werden gemacht?	6. Wo werden 3 MU gemacht?

Wann	Warum	Wie
1. Wann wird es gemacht?	1. Warum macht er es?	1. Wie wird es gemacht?
2. Wann wird es wirklich gemacht?	2. Warum soll es gemacht werden?	2. Wie wird es wirklich gemacht?
3. Wann soll es gemacht werden	3. Warum soll es hier gemacht werden?	3. Wie soll es gemacht werden
4. Wann kann es sonst gemacht werden?	4. Warum wird es dann gemacht?	4. Kann diese Methode auch in anderen Bereichen angewendet werden?
5. Wann soll es noch gemacht werden?	5. Warum wird es so gemacht?	5. Wie kann es noch gemacht werden?
6. Gibt es die 3 MU?	6. Gibt es 3 MU in der Art zu denken?	6. Gibt es 3 MU in der Methode?

Bild 2-16: Die 6 W-Hinterfragetechnik mit der jeweils letzten Fragen nach der Vermeidung der drei MU's: Muda (Verschwendung), Muri (Überlastung), Mura (Unausgeglichenheit) [3]

Am wichtigsten ist dabei jedoch das **fünfmalige Warum-Hinterfragen 5 W**, das immer wieder bei allen möglichen Situationen angewandt wird!

Das umfassende, gründliche Hinterfragen führt systematisch an die **Wurzeln des Problems** heran, die es **„auszureißen"** gilt. Wenige Fragen und vorschnelle Antworten liefern hingegen kaum die wahre, vollständige Problemursache, und man muss sich mit dem Problem neuerlich befassen. Die investierte Zeit war Verschwendung.

Diese 6 W-Hinterfragetechnik beruht auf der alten Weisheit, dass jedes Problem **mehrere Ursachen** hat, die es aufzudecken und zu eliminieren gilt! Die Beseitigung nur einer Ursache kuriert meist nur ein Symptom, ohne das Problem gründlich zu lösen.

Es ist sehr zu empfehlen, bei anstehenden Problemen für jede der 6 W einen eigenen **Fragebogen** anzulegen und darin sorgfältig die Antworten auf die jeweiligen Fragen festzuhalten. Die Antworten sollten dann gewichtet werden, um die Hauptursachen des Problems gezielt aufspüren zu können.

2.4.2 Die 4 M- oder 7 M-Checkliste

Mit den ursprünglich vier Ästen des **Ishikawa-Diagramms** werden mögliche Problemursachen aus den **4 M (Mensch, Maschine, Material, Methode**) abgeklärt.

Es werden **jeweils zehn Fragen nach möglichen Problemquellen** gestellt. Diese vier Äste des Ishikawa-Diagramms (Mensch, Maschine, Material, Methode) können bei Bedarf durch drei weitere - **Messen, Mitwelt, Management** - auf 7 M ergänzt werden (Bild 2-17 und auch Bild 2-4).

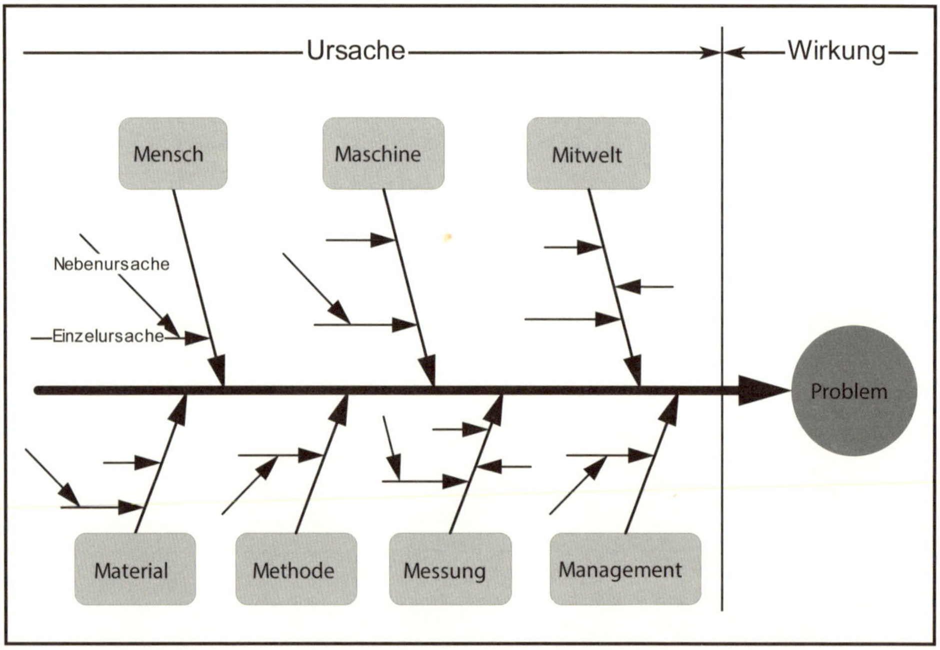

Bild 2-17: Das von 4 M auf 7 M erweiterte Ishikawa-(Ursache/Wirkungs-)Diagramm

Dementsprechend sollen dann aber für diese weiteren drei M-Äste je ebenfalls eine Zehn-Fragen-Liste erstellt werden, um die Problemquellen auch dieser Äste sorgfältig zu ermitteln!

Diese sieben mal zehn Fragen des Ishikawa-Diagrammes eignen sich auch sehr gut zur Vorbereitung der Problemlösungen bei der Fehlermöglichkeits- und Einflussanalyse FMEA !

Die 4 M-Checkliste (1)

A. Mensch (Maschinenarbeiter)

1. Befolgt er die Standards?
2. Ist seine Arbeitseffizienz akzeptabel?
3. Denkt er problembewusst?
4. Hat er Verantwortungsbewusstsein (ist er verlässlich)?
5. Ist er ausreichend qualifiziert?
6. Hat er genügend Erfahrung?
7. Ist der Arbeitsplatz für ihn geeignet?
8. Ist er verbesserungswillig?
9. Bemüht er sich um gute zwischenmenschliche Beziehungen?
10. Ist er gesund?

Die 4 M-Checkliste (2)

B. Maschine (Anlagen)

1. Erfüllt sie die Anforderungen der Produktion?
2. Erfüllt sie die Anforderungen des Prozesses?
3. Ist sie richtig geölt (geschmiert?)?
4. Reicht die Inspektion aus?
5. Führen mechanische Probleme häufig zum Maschinenstillstand?
6. Arbeitet sie ausreichend genau?
7. Verursacht sie irgendwelche ungewöhnliche Geräusche?
8. Ist das Maschinenlayout richtig?
9. Reicht die Zahl der Maschinen (Anlagen) aus?
10. Ist alles in der richtigen Ordnung?

Die 4 M-Checkliste (3)

C. Material

1. Gibt es irgendwelche Abweichungen im Volumen?
2. Gibt es irgendwelche Abweichungen in der Qualität?
3. Ist es die richtige Marke?
4. Weist es Verunreinigungen auf?
5. Ist die Höhe des Umlaufs richtig?

Die 4 M-Checkliste (3) (Fortsetzung)

C. Material (Fortsetzung)

6. Wird Material in irgendeiner Form verschwendet ?
7. Ist der Materialtransport der richtige?
8. Wird ausreichend auf den Umlauf geachtet?
9. Ist das Materiallayout geeignet?
10. Ist der Qualitätsstandard ausreichend?

Die 4 M-Checkliste (4)

D. Arbeitsmethode

1. Gibt es geeignete Arbeitsstandards?
2. Wurde der Arbeitsstandard angehoben?
3. Ist die Methode sicher?
4. Gewährleistet die Methode ein gutes Produkt?
5. Ist die Methode effizient?
6. Ist die Abfolge der einzelnen Arbeitsschritte sinnvoll?
7. Ist die Aufstellung richtig?
8. Passen Temperatur und Feuchtigkeit?
9. Sind Beleuchtung und Ventilation ausreichend?
10. Gibt es genügend Kontakte zum vor und nach gelagerten Prozess?

Ergänzung zu einer 7 M-Checkliste (5)

E. Mitwelt und Umwelt

1. Gibt es gesetzlich vorgeschriebene, Umweltstandards?
2. Werden diese Umweltstandards eingehalten?
3. Können diese Standards verbessert werden?
4. Gibt es ein zertifiziertes Umweltmanagementsystem UMS?
5. Wird dieses UMS von einem Umweltbeauftragten ständig überprüft?
6. Werden Umweltbilanz und ökologischer Rucksack ständig verbessert?
7. Gibt es regelmäßige Schulungen in Umweltbelangen?
8. Werden Anrainer in Umweltfragen informiert und eingebunden?
9. Werden Umweltbelastende durch umweltfreundliche Verfahren ersetzt?
10. Werden Umweltbelastende Stoffe eliminiert?

Ergänzung zu einer 7 M-Checkliste (6)

F. Management

1. Nimmt das Management die „Verantwortung der obersten Leitung“ wahr?
2. Hat das Management detaillierte Ziele für die Qualitätspolitik festgelegt?
3. Sorgt das Management für klar definierte Prozesse und Prozesseigner?
4. Veranlasst das Management Schulungen für Mitarbeiter und Partner?
5. Behandelt das Management Beschwerden als Chefsache?
6. Hat das Management eine Zertifizierung nach ISO 9001 veranlasst?
7. Unterstützt das Management einen ständigen Verbesserungsprozess?
8. Sorgt das Management für QC und ein vorbildliches Vorschlagswesen?
9. Findet regelmäßig ein Vergleich mit den Besten statt?
10. Setzt das Management alle Prinzipien eines Lean Managements um?

Ergänzung zu einer 7 M-Checkliste (7)

G. Messen

1. Werden alle einschlägigen Normen und Vorschriften eingehalten?
2. Sind alle notwendigen Messmittel in erforderlichem Zustand vorhanden?
3. Werden die Messmittel regelmäßig geeicht?
4. Wird das Personal sorgfältig ausgewählt und regelmäßig geschult?
5. Wird die Prüfmittelfähigkeit überwacht?
6. Wird für die richtige Auswahl der Prüftechnik gesorgt?
7. Ist die Rückverfolgbarkeit der Messergebnisse gewährleistet?
8. Gibt es genaue Prüfpläne, Prüfanweisungen und Prüfprotokolle?
9. Wird auf die Minimierung von Messunsicherheiten geachtet?
10. Herrschen für Messlabors optimale Randbedingungen?

2.4.3 Der KAIZEN-Schirm

Um den KAIZEN-Kern gruppieren sich die ganze Vielzahl von **TQC-Inhalte**, wie dies **der KAIZEN-Schirm** zeigt. Damit wird ausgedrückt, dass der KAIZEN-Gedanke des „ständigen Veränderns zum Besseren“ für jede qualitätsorientierte Managementstrategie unverzichtbar ist.

Die Inhalte des japanischen Total Quality Control TQC entsprechen dabei in etwa den Inhalten des westlichen Total Quality Management TQM.

Bild 2-18: Der KAIZEN-Schirm unter welchem sich alle TQC-Inhalte gruppieren [3]

2.5 KAIZEN und Innovation

Das westliche Management setzt auf Innovation und große Veränderung durch neue Managementkonzepte oder Produktionstechniken. Die Idealvorstellung vom Innovationsprinzip als gerade, aufwärts strebende Treppe wird hierbei selten erreicht.

Die Ursache liegt in der Tatsache, dass jedes neue System ab dem Zeitpunkt seiner Etablierung dem Verfall preisgegeben ist. Bereits zur Erhaltung des Status quo sind beständige Anstrengungen notwendig (Bild 2-19b).

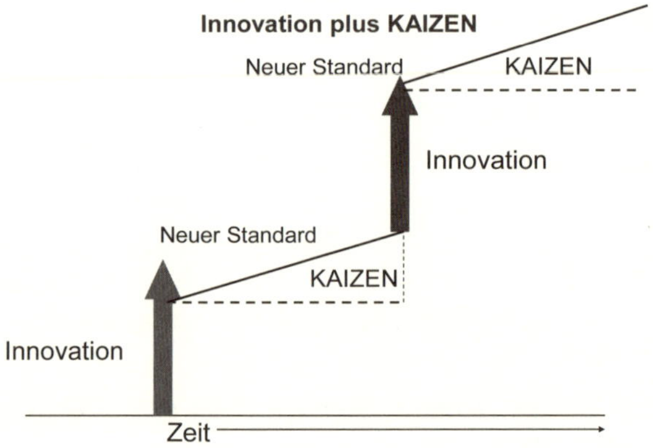

Bild 2-19a: Innovationswirkung **mit** KAIZEN

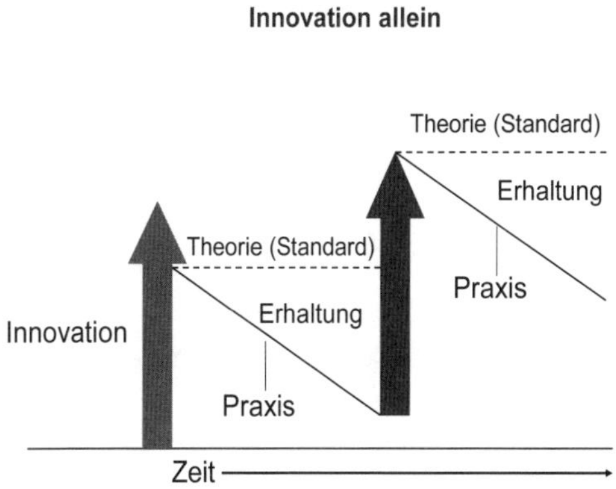

Bild 2-19b: Innovationswirkung **ohne** KAIZEN

Es muss deshalb ein einmal erreichtes Innovationsniveau durch eine Reihe kleiner, beständiger KAIZEN-Aktivitäten nicht nur erhalten, sondern sogar weiter verbessert werden (Bild 2-19a)! KAIZEN ist stets bestrebt, erreichte Standards kontinuierlich zu verbessern.

Das im Westen schwerpunktmäßig auf finanzielle Kennzahlen aufgebaute Berichtswesen zwingt das Management dazu, jede Maßnahme hinsichtlich des finanziellen Nutzens (Return on Investment) zu begründen. Damit wird das Entstehen eines Klimas verhindert, das stetiger Verbesserung förderlich ist (vgl. Bild 2-20).

	Merkmale von KAIZEN und Innovation	
	KAIZEN	Innovation
1. Effekt	Langfristig und andauernd, aber undramatisch	kurzfristig, aber dramatisch
2. Tempo	kleine Schritte	große Schritte
3. Zeitlicher Rahmen	kontinuierlich und steigend	unterbrochen und befristet
4. Erfolgschance	gleich bleibend hoch	abrupt und unbeständig
5. Protagonisten	jeder Firmenangestellte	wenige „Auserwählte"
6. Vorgehensweise	Kollektivgeist, Gruppenarbeit, Systematik	„Ellbogenverfahren", individuelle Ideen und Anstrengung
7. Devise	Erhaltung und Verbesserung	Abbruch und Neuaufbau
8. Erfolgsrezept	konventionelles Know how und jeweiliger Stand der Technik	technologische Errungenschaften, neue Erfindungen, neue Theorien
9. Praktische Voraussetzungen	kleines Investment, großer Einsatz zur Erhaltung	großes Investment, geringer Einsatz zur Erhaltung
10. Erfolgsorientierung	Mensch	Technik
11. Bewertungskriterien	Leistung und Verfahren für bessere Ergebnisse	Profitresultate
12. Vorteil	hervorragend geeignet für eine langsam ansteigende Wirtschaft	hauptsächlich geeignet für eine rasch ansteigende Wirtschaft

Bild 2-20: Gegenüberstellung von KAIZEN-Aktivitäten und Innovation

Die Betonung auf kurzfristige Ergebnisse führt nur schwer zu einer langfristigen, jedem Mitarbeiter bewussten Unternehmenskultur des ständigen Verbesserns in kleinen Schritten.

2.6 Qualitätszirkel QC

Qualitäts- oder Werkstattzirkel (Quality Circle QC) sind kleine Gruppen von 5-10 Mitarbeitern der Werkstattebene, die sich freiwillig während oder außerhalb der (bezahlten) Arbeitszeit in einem geeigneten Raum treffen, um Probleme innerhalb ihres Arbeitsbereiches zu besprechen und Lösungen dafür zu finden.

Themenwahl, Gruppenbildung und Realisierung der Verbesserungen liegen im Verantwortungsbereich der Zirkelmitglieder, die jedoch von *Koordinatoren* beraten werden. Die Gruppen werden von ausgebildeten *Zirkelleitern* geführt bzw. moderiert, deren Hauptaufgabe darin besteht, auf die Einhaltung der Grundregeln zu achten

- *Teambildung*
- *Brainstorming* und Anwendung von
- *Problemlösungsmethoden*
- *Unterstützung.*

Die Zirkelleiter treffen sich regelmäßig mit den Koordinatoren, um Ergebnisse, Umsetzungen, Verbesserungsmöglichkeiten und Unterstützung bei größeren Problemlösungen zu besprechen.

Das ganze Qualitätszirkelgeschehen wird von einem *Steuerungskommitee,* in dem Qualitätswesen, Personalwesen, Betriebsleitung und Betriebsrat vertreten sind, begleitet, welches auch besondere **Qualitätszirkelleistungen zur Prämierung** vorschlägt. In Bild 2-21 ist ein Beispiel einer Qualitätszirkelorganisation dargestellt.

shikawa hat wesentlich zur weltweiten Verbreitung des Qualitätszirkelgedankens beigetragen. Ursprünglich waren Qualitätszirkel für die Anwendung auf der Fertigungsebene vorgesehen. Für diese Zielgruppe stellte Ishikawa auch die elementaren **Qualitätswerkzeuge Q7** als wirkungsvolle Hilfsmittel zusammen.

Eine unternehmensweite Einführung von Qualitätszirkeln beinhaltet aber auch Verwaltungs- und Dienstleistungsbereiche sowie die Managementebene. Hierbei ist die volle Unterstützung der Unternehmensleitung unbedingt erforderlich sowie eine aktive Beteiligung der Arbeitnehmervertretung.

Eine wichtige Voraussetzung für den Erfolg einer umfassenden Q-Zirkelarbeit ist auch eine gute **organisatorische Einbindung** in die Unternehmensstruktur.

Viele Firmen machen mit der Qualitätszirkelarbeit seit Jahren gute Erfahrungen und berichten regelmäßig in ihren Firmenzeitungen darüber. Wesentlich ist, dass sich die zuständigen Vorgesetzten mit der Zirkelarbeit identifizieren und ihre Mitarbeiter dazu motivieren!

Qualitätszirkel sind in jedem Fall ein wesentlicher Bestandteil des Total Quality Management-Führungsmodells und damit einer qualitätsorientierten Unternehmenskultur!

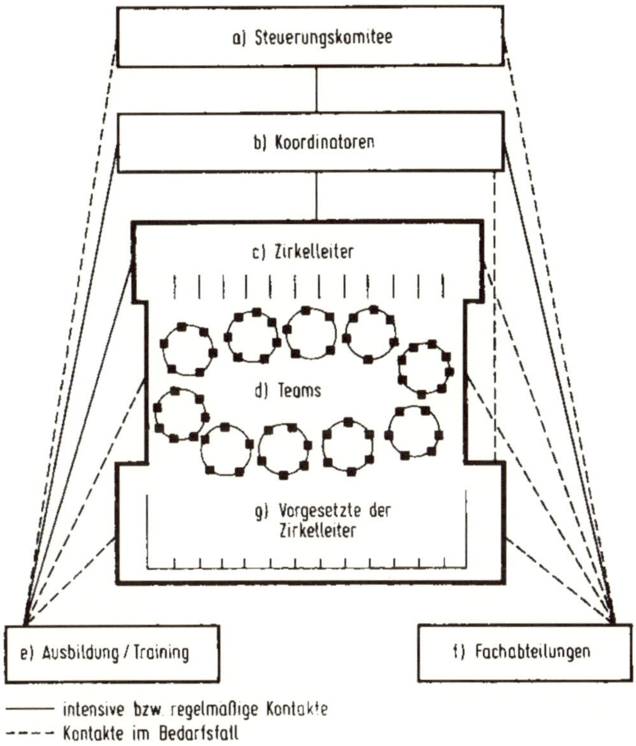

Bild 2-21: Beispiel einer Qualitätszirkelorganisation

2.7 KAIZEN und Hansei

Hansei geht Hand in Hand mit KAIZEN. Unter Hansei versteht man eine innere Haltung der Verantwortlichkeit und Selbstreflexion über die eigenen Schwächen, sowie die Bereitschaft aus Fehlern zu lernen! **Hansei-kai**, so genannte **Reflexionsmeetings**, werden auch als Reflexion über den Entwicklungsprozess fest eingeplant und entsprechen einem **Design Review**.

Hansei stellt ganz allgemein die Stufe der Überprüfung im PDCA-Zyklus dar.

In der japanischen Kultur ist Hansei ein Schlüssel zu **Lernerfahrung** und Überwindung eigener Schwächen!

Ich habe einen Fehler gemacht, werde ihn eliminieren, daraus lernen und ihn nie mehr wiederholen!

Fehler werden grundsätzlich als Verbesserungspotenzial und Wissensbereicherung gesehen und nicht um Schuldige zu suchen. Es gilt daher: „No problem is a problem!“, weil Verbesserungsansätze fehlen und man sich zufrieden zurücklehnt, weil alles in Ordnung zu sein scheint.

2.7.1 KAIZEN-Blitze

Für die vielen Möglichkeiten unmittelbarer Prozessverbesserung hat sich besonders für Produktionsprozesse - auch in Verbindung mit Qualitätszirkel, Wertstromanalysen oder Kaizenworkshops - die Bezeichnung „Kaizen-Blitze" etabliert.

Es handelt sich dabei meist um typische Ansatzpunkte zur Eliminierung von Schwachstellen und Verschwendungsquellen sowie für Prozessverbesserungen, die kurz- oder mittelfristig realisiert werden können. Hier einige Beispiele:

- Lange Warte- und Liegezeiten
- Bestände vor, in und nach Prozessen
- hoher Transport- und Entnahmeaufwand
- hoher Umrüst- und Vorrichtungsaufwand
- viele Schnittstellen in den Prozessen
- fehlende Kennzahlen und Messgrößen.

Wichtig ist, dass Kaizen-Blitze strukturiert bearbeitet werden und Verantwortlichkeit, Verbesserungspotenzial und Termin festgelegt werden!

2.8 KAIZEN-Workshop

Ein KAIZEN-Workshop ist notwendig, um den KAIZEN-Gedanken der ständigen Verbesserung im Unternehmen nachhaltig zu verankern (Bild 2-22).

Bild 2-22: Fluss eines KAIZEN-Workshops

Man beginnt mit einer gemeinsamen Überprüfung des zu verbessernden Prozesses. Als weitere Schritte folgen dann die **Definition der Kundenbedürfnisse**, sowie die **Analyse des Ist-Zustandes** und die **Eliminierung nicht Wertschöpfender Elemente**.

Darauf erfolgt der Umsetzungsplan, die Projektdurchführung dieses Planes, die Prozessverbesserung und Standardisierung der Ergebnisse gemäß dem PDCA-Zyklus.

Diese Kaizen-Workshops sind auf bestimmte Problemfelder ausgerichtet. Sie dauern in der Regel drei bis vier Tage und setzen sich aus verschiedenen Mitgliedern des Unternehmens zusammen, die von dem Problem betroffen sind. Es können dabei auch die oben beschriebenen „Kaizen-Blitze" abgearbeitet werden. Workshops laufen nach dem PDCA-Zyklus ab und haben eine klare Zielvorgabe.

2.9 Die Philosophie der kleinen Schritte

Es gibt zwei unterschiedliche Zugänge zum Erfolg: Der eine erfolgt in vielen kleinen Schritten, der andere in spektakulären großen. Japanische Unternehmen bevorzugen im Allgemeinen die ständigen kleinen Verbesserungsschritte.

Denn japanische Unternehmen wenden seit langem die im Grunde unspek-takuläre, elegante KAIZEN-Techniken an, um ihre Geschäftsziele zu erreichen und die Exzellenz zu steigern.

Sie folgen damit der Grundidee, dass durch **kleine, tägliche Verbesserungen** eher entscheidende Veränderungen bewirkt werden können, als durch große, schnelle Verbesserungsschritte. KAIZEN fordert keine radikalen Reformen, sondern fragt nach kleinen, bequemen aber kontinuierlichen Verbesserungsschritten!

Radikale Veränderungen werden vom menschlichen Gehirn instinktiv blockiert und entweder mit Abwehr oder Flucht beantwortet. Durch kleine, machbare Schritte wird dieses mentale Abblocken umschifft, und sie werden meist problemlos akzeptiert!

Man kann diese **„Small is Successfull"-Strategie** wie folgt zusammenfassen:

Small is Successfull

- **Kleine Fragen** lösen keine Angst aus.
- **Kleine Denkanstösse** können zu neuen Ideen führen.
- **Kleine Aktionen** werden akzeptiert und sind erfolgreicher.
- **Kleine Probleme** werden selbst in einer Krisensituation besser gelöst.
- **Kleine Schritte** umschiffen die unbewusste „Angstabwehr".

Versuche, Ziele durch radikale, revolutionäre Mittel zu erreichen - etwa umfangreiches Business-Reengineering - erzeugen „Höhenangst". Kleine Schritte hingegen entwaffnen die Angstabwehr in den Gehirnen der Mitarbeiter und stimulieren die Kreativität.

Die **Angst vor Veränderung** kann bekanntlich schnell zum Erfolgskiller werden. Unser Gehirn ist nun einmal darauf programmiert, zu großen Veränderungen Widerstand entgegen zu setzen. Dieser Widerstand wird durch Angst und Stress verstärkt, die nur in kleinen Dosen stimulierend wirken.

Kleine Schritte, Aktionen und Fragen hingegen, schaffen ein mentales Umfeld von **spielerischer Kreativität** und persönlichem Engagement. Einem kleinen Schritt folgen weitere und eines Tages kann auf diese Weise auch eine größere Veränderung gemeistert werden!

2.10 Just-in-time JIT

Das Prinzip der Just-in time Produktion ist ein **Logistikorientiertes, Organisations- und Steuerkonzept**, welches die Materialwirtschaft einer Produktion **auf Abruf** zum Ziel hat. Die Grundidee ist dabei die flexible Anpassung der kurzfristigen Kapazitäts- und Materialbedarfplanung an die aktuelle Fertigungs- und Auftragssituation. So wird die Produktion auf allen Fertigungsstufen - von der Rohmaterialbeschaffung bis zur Auslieferung des Endproduktes - mithilfe geeigneter Instrumente zur Material- und Informationsflusssteuerung in die Lage versetzt,

DIE RICHTIGEN TEILE AM RICHTIGEN ORT, IN DER RICHTIGEN MENGE, ZUM RICHTIGEN ZEITPUNKT UND IN DER RICHTIGEN QUALITÄT

zu erhalten und zu liefern.

Just-in-time als Konzept bedeutet also, dass die genaue Anzahl erforderlicher Teile zum jeweils richtigen Zeitpunkt an den nachfolgenden Produktionsabschnitt geliefert wird. In der Praxis macht dieses Konzept jedoch eine Umkehr des Denkens notwendig.

Gewöhnlich werden Einheiten zum nachgelagerten Bereich gebracht, sobald sie fertig sind. Bei Just-in-time holt sich jeder Bereich von dem ihm Vorgelagerten die genaue Anzahl der benötigten Teile. Das Ergebnis ist eine **signifikante Abnahme des Materialumlaufes.**

Taiichi Ohno hat dies sehr frühzeitig (1954) erkannt und bei Toyota schrittweise JIT eingeführt und zum **KANBAN-Konzept** (s. Kap. 7.3) weiterentwickelt.

Just-in-time hat folgende **Vorteile**:

- Verkürzung der Durchlaufzeiten
- Verringerung der Materialbestände, Lager und Lagerkosten
- Verringerung des Umlaufmaterials
- Erhöhung der Arbeitsproduktivität
- gleichmäßige Auslastung der Fertigungsprozesse
- Erhöhung der Flexibilität
- Qualitätssteigerung, weil Probleme klarer zutage treten oder vermieden werden.

Mit Just-in-time wird das Ziel verfolgt, die Produktion flexibel und rasch nach den Marktbedürfnissen auszurichten. Durch kurze Reaktionszeiten in der Produktion und kurze Wiederbeschaffungszeiten bei Materiallieferungen ist eine Verbesserung der Wettbewerbsfähigkeit gegeben.

Es ist leicht einzusehen, dass Vorratshaltung Kapital verschlingt, das besser in neue Technologien investiert werden kann!

2.10.1 Just-in-time Logistik als Gesamtkonzept

Die Neuausrichtung nach dem Just-in-time Konzept betrifft in weiterer Folge die ganze **Supply-Chain Logistik** eines Unternehmens mit seinen Zulieferanten und zwar sowohl den Materialfluss als auch den Informationsfluss betreffend und resultiert in der Notwendigkeit

- **integrierter Informationsverarbeitung**
- **produktionssynchroner Beschaffung.**

Hierzu gehören dann auch eine Fertigungssegmentierung und ein damit verbund-denes Variantenmanagement, um die Machbarkeit von Just-in-time sowohl in der Produktion als auch in der Beschaffung sicher zu stellen.

Es ist daraus erkennbar, dass Just-in-time ein unternehmenübergreifendes Logistikkonzept darstellt während das davon abgeleitete Kanban vornehmlich die Material- und Informationsflusssteuerung auf Werkstattebene vornimmt.

2.11 Vorschlagswesen

In Japan sind Mitarbeiter-Vorschlagsprogramme eine weit verbreitete, populäre KAIZEN-Technik. Die Mitarbeiter werden zu Vorschlägen motiviert und geschult.

Es gibt **Einzel- und Gruppenvorschläge**. Auf allen Arbeitsplätzen liegen Formulare auf, die ausgefüllt in den nächsten Betriebsbriefkasten geworfen werden können. Die Vorschläge betreffen folgende Bereiche:

- Erleichterung der Arbeit
- Einsparung von Ressourcen
- Erhöhung der Arbeitssicherheit
- Erhöhung der Produktivität
- Verbesserung der Qualität
- Einsparung von Zeit und Kosten.

Bei Toyota bringt jeder Mitarbeiter im Schnitt 40 Vorschläge pro Jahr ein. Bei 400.000 Mitarbeitern macht das etwa 16 Millionen umgesetzter Verbesserungsvorschläge pro Jahr! Wenn die Führungskräfte entsprechend motivierend dahinter stehen, kann diese Entwicklung keiner mehr aufhalten. In den USA hingegen beteiligen sich bestenfalls ¼ der Mitarbeiter am betrieblichen Vorschlagswesen.

In Japan werden nahezu alle **Mitarbeiterideen umgesetzt** (in den USA lediglich 38 %). Welches ungeheure Verbesserungspotenzial wird hier genutzt, das in den Mitarbeitern steckt!

Auch hier ist wiederum die Differenz zwischen japanischen und westlichen Unternehmen deutlich! Die Gründe hierfür können vielfältig sein:

Vermeidbare Defizite im Vorschlagswesen

- Fehlende Förderung und Schulung durch das Management
- Überbürokratisierung der Abläufe
- Falsche Prämierungsstrategien
- Fehlende Zielvorgaben an die unmittelbaren Vorgesetzten
- Geringe Unterstützung durch Vorgesetzte
- Zu starke Fokussierung auf den unmittelbaren wirtschaftlichen Vorteil

Jedes Unternehmen muss sich hier selber überlegen, wie das Vorschlagswesen besser aktiviert werden kann. Denn diese schlummernden Verbesserungspotenziale zu vernachlässigen, ist pure Verschwendung! Ein wichtiger, effektiver Schritt wäre es, Ziele vorzugeben und die Manager daran zu messen, wie viele Verbesserungsvorschläge tatsächlich in ihrem Verantwortungsbereich realisiert worden sind!

2.12 KAIZEN erlernen und standardisieren

Lernen im japanischen Verständnis ist zunächst die Wissensübertragung durch Nachahmung. Jeder Schüler versucht den Meister am besten nachzuahmen. Werden auf diese Weise Fähigkeiten, Wissen und Kompetenzen vermehrt, vermehrt sich die potenzielle Effizienz.

Das Lernen am Arbeitsplatz geschieht durch Lernen von einem erfahrenen Kollegen, einem Sempai. Das Gefühl der gemeinsamen Anstrengungen in der Gruppe und die Anerkennung durch den Sempai erhöhen die Bereitschaft zu lernen und erzeugen ein positives Gemeinschaftsgefühl.

Standardisierung im KAIZEN ist dann die Aufbereitung von Erfahrungen und Analysen, die einen praktischen Wert für Produktqualität, Produktivität und Sicherheit haben. Hohle Formalismen werden weggelassen.

Diese Sempai haben insbesondere auch die Aufgabe, die Mitarbeiter ausländischer Zweigwerke in diese Kultur einzuführen, zu schulen und zu überwachen.

Ein besonderes Augenmerk verdient in diesem Zusammenhang das KAIZEN - Problemlösungsmodell. Schnelle Problemlösung ist ja das Hauptanliegen von KAIZEN!

Es geht, wie Bild 2-23 zeigt, vom PDAC-Zyklus aus und legt in sieben Schritten die Vorgangsweise bei der Lösung von Problemen dar. Diese sieben Schritte entsprechen weitgehend dem heute üblichen 7-Step-Problemlösungsansatz. Dort werden Problemanalyse und Ursachenforschung zusammengefasst und dafür als zweiter Step: „Sofortmaßnahmen treffen" eingefügt. Der letzte Schritt betrifft die Notwendigkeit der Standardisierung und damit von Vorbeugungsmaßnahmen, damit ähnliche Probleme nicht auftreten können.

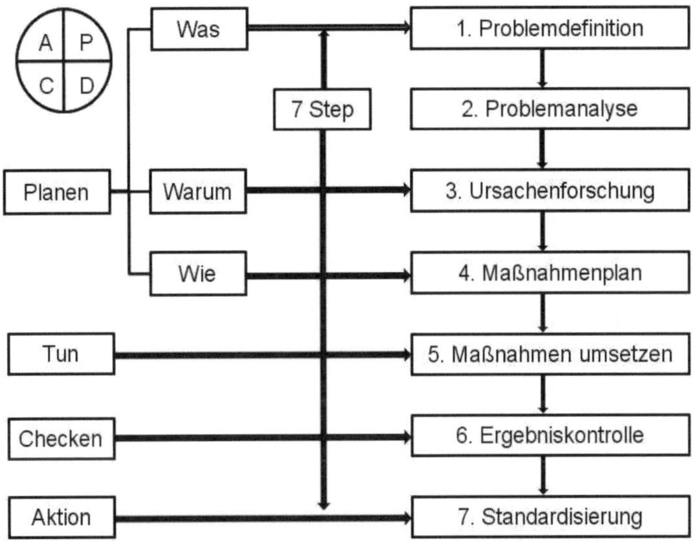

Bild 2-23: Problemlösungen nach PDCA-Zyklus, 6 W-Technik und 7 Step im Vergleich

Wenn notwendig, müssen die „7 Steps" durch Einfügen von Step 2a „Sofortmaßnahmen treffen" auf **„8 Steps"** erweitert werden, damit in jedem Fall dem Kunden sofort geholfen wird noch bevor eine endgültige Lösung ausgearbeitet wurde.

Handle mit Bedacht,
lerne von den Besten und versuche
dich kontinuierlich zu verbessern!

3 KVP – ständige, lernende Verbesserung

3.1 Grundlagen von KVP

KVP steht auf den Fundamenten von KAIZEN und dem Deming'schen PDCA-Zyklus. Kein Tag soll ohne Verbesserungen im Unternehmen und am Arbeitsplatz des Mitarbeiters vergehen! Aufspüren und Reduzieren von jeder Art von Verschwendung ist das zentrale Anliegen von KVP. Der Blick ist auf das **Entschlacken und Vereinfachen der Prozesse** gerichtet und damit auf die Verbesserung der Wertschöpfung!

KVP ist damit eine Unternehmensphilosophie und nicht nur ein Gruppenarbeitskonzept. **Kontinuierliche Verbesserungsprozesse** stellen vielfach eine Weiterentwicklung von KAIZEN durch westliche Industrien dar.

Insbesondere haben Industrieunternehmen in Deutschland KVP nach eigenen Ideen und Strategien gestaltet und erfolgreich eingeführt. Man kann hier durchaus inzwischen von einer westlichen KVP-Strategie sprechen, die ihre eigene Dynamik entwickelt hat!

3.2 Qualität senkt Kosten, spart Zeit und Ressourcen

Genau das Gegenteil war früher lange Zeit gültige Meinung. Das bekannte Spannungsdreieck **Qualität-Kosten-Zeit** kann durch konsequent angestrebte Unternehmens-, Prozess- und Produktqualität neutralisiert werden. Denn **hohe Qualität verringert**:

- *Fehlleistungsaufwand*
- *Zielabweichung*
- *Ressourcenverschwendung*
- *Maschinenausfall*, gewährleistet einen
- *optimalen Material- und Informationsfluss* und daraus resultierend
- *kurze Entwicklungs- und Durchlaufzeiten.*

Hohe Qualität hebt also die *wirtschaftliche Leistungsfähigkeit* eines Unternehmens und macht es gleichzeitig attraktiver am Markt.

Auf einen einfachen Nenner gebracht, lässt sich die wirtschaftliche Zielsetzung des totalen Qualitätsmanagements als

Erkennen und Eliminieren der häufigsten Arten von Fehlern, von Verschwendung und schlechter Ressourcennutzung

definieren. Die Rationalisierungsziele werden dadurch mit den Qualitätszielen verknüpft!

3.3 Qualitätsbedingte Verluste eliminieren

3.3.1 Analyse qualitätsbedingter Verluste

Die Erfüllung aller Qualitätsanforderungen bestimmt maßgeblich den Umsatzerlös und das Absatzvolumen eines Produktes. Die Vermarktung von Produkten, die Qualitätsanforderungen mangelhaft erfüllen, ist mit Verlusten verbunden. Fehleranfällige Unternehmensprozesse sind mit **Fehler- und Fehlerfolgekosten** belastet, die den Gewinn schmälern oder gar das Unternehmen in die Verlustzone geraten lassen. Für Verluste ist das Management verantwortlich, insbesondere für qualitätsbedingte Verluste, denn sie können durch ein funktionierendes TQM-System vermieden werden.

Auch Führungsmängel, Organisationsmängel, Vergeudung von Mitarbeiterpotenzial bedeuten immaterielle Qualitätsverluste, die sich ebenfalls negativ auf die Wirtschaftlichkeit eines Unternehmens auswirken. Die Summe dieser, auf mangelnde, umfassende Qualität zurückzuführenden Verluste können 20% und mehr vom Umsatz betragen! Es gilt, diese Verluste zu analysieren und Ansätze zu finden, sie zu eliminieren. Ihre Strukturierung im jeweiligen Unternehmensumfeld ist der erste Schritt dazu.

Qualitätsbedingte Verluste

- **Verlust am Käufermarkt:**
  Umsatzrückgang, Preisnachlässe, Vertragsstrafen, Käuferabwanderung, Marktanteilverluste
- **Verluste durch Fehler und Verschwendung:**
  Reklamationsbearbeitung, Gewährleistung, Produkthaftung, Nachrüstung, Rückrufaktion, Ausschuss, Nacharbeit, Wiederholprüfung, Konstruktionsänderung, Zielabweichung, Maschinenausfall, Produktionsausfall
- **immaterielle Verluste:**
  Imageverlust, schlechte Nutzung der Mitarbeiterpotenziale, Kreativitätsverlust, Informationsverlust, Reibungsverlust, Vertrauensverlust, Mitarbeiterfluktuation

Bei der Analyse und Zuordnung kann sich ergeben, dass für manche Positionen eine **monetäre Erfassung fehlt** oder verdeckt ist. Man wird dann zunächst greifbare Quantifizierungen heranziehen wie Stunden, Anzahl der Fälle usw. und später Bewertungen, eventuell auch Schätzungen folgen lassen. Dem Pareto-Prinzip folgend, sollen primär die größeren Verlustquellen durch konsequente Verbesserungsmaßnahmen eliminiert werden.

Für eine Reihe komplexerer, mitunter sehr wichtiger Fehlerfolgekosten wird es notwendig sein, eigene Erfassungssysteme zu entwerfen und einzuführen, z. B.:

- Erfassung der qualitätsbedingten **Konstruktionsänderungskosten** einschließlich der sich daran anschließenden Serienänderungskosten
- Erfassung der **Ausfallkosten von Anlagen** samt Folgekosten.
- Erfassung und Analyse unbefriedigender Produktzuverlässigkeit im Feld einschließlich der für den Kunden relevanten **Lebenszykluskosten LCC**
- Erfassung der **Kosten für Entsorgung**
- Schätzen der **Verluste durch Kundenabwanderung.**

Diese fünf Beispiele mögen verdeutlichen, dass die klassische Betriebsabrechnung nicht immer ausreicht, um Verluste durch Qualitätsmängel transparent und steuerbar zu machen! Damit muss sich ein modernes Rechnungswesen und Controlling intensiv und kompetent befassen!

3.3.2 Verlustkostenfunktion von Taguchi

Genichi Taguchi hat unter anderem mit seiner Verlustkostenfunktion (Bild 3-1) das hergebrachte Qualitätsdenken in eine neue Richtung gelenkt.

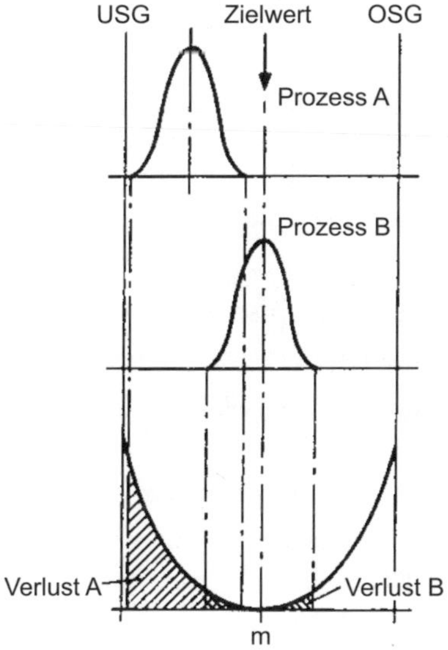

Bild 3-1: Die Verlustkostenfunktion von Taguchi: Ausmittiger Prozess A und Streuung um den Zielwert von Prozess B tragen innerhalb der Toleranzvorgaben bei gleicher Streubreite unterschiedlich zum Verlust bei.

Er weist nach, dass **jede Abweichung vom Zielwert** – auch innerhalb der Toleranzgrenzen – zu Verlusten für das Unternehmen und die Gesellschaft führen. Diese Verluste sind nahe am Zielwert vernachlässigbar klein, steigen aber, einer **Parabelfunktion** folgend, mit größerem Abstand vom Zielwert progressiv an. Unmittelbar an den Toleranzgrenzen können sie entsprechend hoch sein. Daraus ergibt sich eine neue Erkenntnis und Grundregel für das TQM:

Qualitätsmanagement spielt sich innerhalb der Toleranzgrenzen ab und nicht außerhalb. Jede Abweichung vom Zielwert vergrößert progressiv das Ausfall- und Zusatzkostenrisiko.

Daraus leitet sich die zunächst erstaunlich scheinende Aussage ab, dass eine Null-Fehler-Produktion (keine Toleranz überschreitenden Teile) noch weiter verbesserungsfähig ist. Es gilt, Zielabweichungen möglichst zu vermeiden! Eine weiter wichtige Aussage ist, dass gleiche Streubreiten innerhalb der Toleranz je nach ihrer Lage zum Zielwert (Mittelwert) völlig unterschiedliche Verlustkosten verursachen!

3.3.3 Blind- und Fehlleistungen vermeiden

Aus der Kapazitätsermittlung für Werkzeugmaschinen und deren Maschinenstundensatzkalkulation sind die Begriffe Nutzleistung – Stützleistung – Blindleistung – Fehlleistung bekannt. Nur die **Nutzleistung bringt Wertschöpfung**. Die Stützleistung stellt die hierfür notwendige Unterstützung bereit. Die Möglichkeiten, die Stützleistung zu reduzieren, werden in Abschnitt 14 behandelt.

Blind- und Fehlleistungen sind auf organisatorische, logistische und technische Mängel zurückzuführen und sind weitgehend zu **vermeiden**.

Diese bekannten REFA-Begriffe lassen sich auf ganze Prozesse übertragen und können zu einem wirksamen Instrument der Prozesssteuerung und Produktivitätsverbesserung ausgebaut werden.

Die vier Prozessleistungsarten

Nutzleistung (positive Wertschöpfung)

Fertigungsprozesse, verfahrenstechnische Prozesse, Montageprozesse, Entwicklungsprozesse, Dienstleistungsprozesse

Stützleistung (wertschöpfungsneutral, zeitintensiv)

Vorrichtungswechsel, Werkzeugwechsel, Maschineneinrichtung, Transportaufwand, Beschaffungsaufwand, Verwaltungsaufwand

Blindleistung (teils negative Wertschöpfung)

Konstruktionsänderungen, Fertigungsänderungen, Zwischenlagerung, Reparaturen, Dispositionsbedingte Stillstände, ungenutzte Kapazitäten, Wartezeiten

Fehlleistung (negative Wertschöpfung)

Ausschuss, Nacharbeit, Fehllieferungen, Maschinenausfälle, Fehler- und Störungsfolgen, Garantie- und Reklamationsaufwendungen

Diese vier Prozessleistungen werden zweckmäßig in tabellarischer Form erfasst und darin die Kosten für die einzelnen Prozesstätigkeiten den vier Leistungsarten zugeordnet, die dann jeweils addiert und in Prozent ausgewiesen werden können. Daraus ergeben sich Ansätze für Verbesserungen. Den *Fehlleistungsaufwand* gilt es dabei vorrangig zu reduzieren oder zu eliminieren!

3.4 Kontinuierlicher Verbesserungsprozess - KVP

Ständige Verbesserung soll nicht als Methode betrachtet werden, die ein- oder mehrmals auf ein Problem angewendet wird. Sie ist vielmehr eine Prozessorientierte Denk- und Verhaltensweise, ähnlich dem japanischen KAIZEN.

Darüber hinaus ist das Prinzip der Ständigen Verbesserung ein eigenständiger Teil der Unternehmensphilosophie. Es wird dabei davon ausgegangen, dass jeder Vorgang als Prozess betrachtet und als solcher schrittweise verbessert werden kann. Eine zeitliche Begrenzung hat der kontinuierliche Verbesserungsprozess daher nicht.

Es ist aber notwendig, dass ein Unternehmen eine strukturierte Vorgangsweise entwirft, um KVP im Unternehmen zu verankern. Dazu kann das 4-Phasen-Modell eine praktische Anleitung geben.

3.4.1 Das 4-Phasen-Modell des KVP

Zur planmäßigen Einführung und Stabilisierung eines kontinuierlichen Verbesserungsprozesses hat sich eine Orientierung nach folgenden Phasen praktisch bewährt.

KVP 4-Phasen-Modell

- *Sensibilisierungsphase:*
  Beschluss fassen, Ziele formulieren, Masterplan
- *Startphase:*
  Auftaktinformation, Moderatorentraining, Kommunikation
- *Implementierungs- oder Umsetzungsphase:*
  Probleme definieren, KVP-Gruppen bilden, Standardformulare einführen, Pilotgruppenergebnisse präsentieren (siehe auch 3.4.2)
- *Stabilisierungsphase:*
  Standardisieren, Visualisieren, Ablaufverbesserungen

KVP bedient sich dabei der systematischen Vorgehensweise des PDCA-Zyklus (Plan, Do, Check, Act), um Verbesserungen auf den Wegzu bringen und zu verfolgen.

3.4.2 KVP-Umsetzungsworkshops

Das Wesen eines *KVP-Umsetzungsworkshops* besteht darin, dass eine Arbeits- oder Wertschöpfungsgruppe (etwa 8 bis 12 Mitarbeiter mit Meister oder Vorarbeiter) ausgewählt, kurz geschult, durch einen Fertigungsplaner, einen Instandhaltungsfachmann und einen KVP-Moderator zu einem **KVP-Workshopteam** ergänzt wird, um dann konzentriert und befristet auf die **Optimierung von Arbeitsabläufen** angesetzt zu werden.

Das Hauptziel der Optimierungsarbeit ist das *Vermeiden von Verschwendung und* **nicht Wertschöpfender Tätigkeiten**. Bei der Zusammensetzung des Teams können auch Mitarbeiter anderer Gruppen einbezogen und eigene Mitarbeiter zu anderen Teams delegiert werden, so dass ein Verhältnis „eigene zu andere“ von 1:1 entsteht, was eine gute Mischung von Spezialkenntnissen und Unvoreingenommenheit gewährleistet.

Nachfolgend sollen Ziele und Vorgehensweisen von KVP-Umsetzungsworkshops kurz skizziert werden.

Ziele

- Ständige Verbesserung in kleinen Schritten
- Einbeziehung aller Mitarbeiter; Stärkung der Eigenverantwortlichkeit
- Optimierung von Qualität – Kosten – Zeit – Umwelt
- Vermeidung von Verschwendung
- Reduzierung nicht Wertschöpfender Tätigkeiten
- Verbesserung von Arbeitsabläufen und Maschinennutzung

Vorgehen

- **Teambildung** und Grundlagenschulung
- Schaffen und Bereinigen der **Datengrundlagen**
- Überprüfen der **Arbeitsabläufe**
- Sammeln aller Probleme, deren Ursachen und **Lösungsansätze**
- **KAIZEN-Blitze** bearbeiten
- Analyse und **Verbesserung** nach dem **EKUV-Analyseansatz**:
  Eliminieren, Kombinieren, Umstellen, Vereinfachen
- **Maßnahmen** erarbeiten, umsetzen, **standardisieren**, vorstellen, visualisieren

3.4.3 EKUV-Analyse

Besonders bemerkenswert und hilfreich ist die so genannte **EKUV-Analyse: Eliminieren, Kombinieren, Umstellen, Vereinfachen**, die den Kern der Tätigkeitsanalyse für die Arbeitsablaufschritte bildet und Verschwendungselemente reduzieren helfen soll. Im Grunde handelt es sich dabei um eine *Wertanalyse*, die hier konsequent zum Einsatz kommt. Die Reduktion der **Durchlaufzeiten** soll ein Haupteffekt der KVP-Workshops sein (siehe Bild 3-2).

Tätigkeitsanalyse Waschmaschinenbeladung							
Ablaufschritt	*Dauer ist*	*E*	*K*	*U*	*V*	*Maßnahme*	*Dauer soll*
Waschmaschine beladen	3 min 30 s	30 s			1 min	Waschen auf Werkzeugwagen	2 min
Weg zum Arbeitsplatz	1 min			30 s		Layout-optimierung	30 s
...							

Bild 3-2: EKUV-Analyseansatz [8]

3.5 Qualitätsverbesserungsteam - QVT

Qualitätsverbesserungsteams QVT werden vor allen Dingen bei akuten Problemen als **Troubleshooter** eingesetzt. Sie setzen sich aus vier bis fünf interfunktional zusammengestellten Experten der mittleren Führungsebene zusammen, die **ad hoc** einberufen werden, um prioritäre Schwach-Stellen und **brennende Probleme zu eliminieren**.

Das Team ist mit Budget und Vollmacht ausgestattet, um nicht von Zuständigkeiten behindert zu sein.

Ist der **Problemlösungsauftrag** erfüllt, wird das QV-Team wieder aufgelöst. Meist sind mehrere QV-Teams im Einsatz, die dann von einem möglichst unabhängigen Bereichsleiter koordiniert werden, der auch Entscheidungen bei sehr kostenintensiven Lösungsansätzen trifft. Für diese Aufgabe eignet sich besonders der Leiter des Zentralen Kundendienstbereiches oder der Qualitätsbeauftragte. Beide sind sie ja gewohnt, zwischen den Fronten zu agieren und die Kundeninteressen zu vertreten.

Die weitgehenden Vollmachten eines QV-Teams über die Kompetenzen von Bereichsleitern hinweg sorgt für rasche Problemlösung und Verbesserung des Eigenverantwortungsbewusstseins!

Qualitätszirkel und Qualitätsverbesserungsteams können auf ihren verschiedenen Ebenen hervorragende Beiträge zum **jährlichen Qualitätsverbesserungsprogramm** leisten.

Ihre Unterschiede sollen in der nachfolgenden Übersicht (Tabelle 3-1) nochmals deutlich gemacht werden. Die oben behandelten KVP-Teams liegen etwa in der Mitte dieses Schemas, bekommen aber, wenn sie zum Selbstläufer werden eher den Charakter von Qualitätszirkeln.

Tabelle 3.1: Vergleich von QC, KVP und QVT [8]

	Qualitätszirkel QC	KVP Workshop	Q-Verbesserungsteam
Ziele	Arbeitsplatzverbesserung	Arbeitsabläufe optimieren	Lösung prioritärer Probleme
Teambildung	freiwillig	Strategieplan Management	ad hoc einberufen
Teamgröße	5 - 10	10 -15 mit Meister	4 - 6
Themenwahl	freiwillig	Teilweise vorgegeben	vorgegeben
Zusammensetzung	abteilungsintern	abteilungsintern	interfunktional
Hierarchieebene	Werkstattebene	Werkstattführungsebene	Mittlere Führungsebene
Dauer	solange Themen vorhanden	Problembezogen (~1 Woche)	Auflösung nach Verbesserung
Methoden	vorwiegend „Seven Tools“ Q7	EKUV-Analyse, Q7, Wertanalyse	vorwiegend FMEA

3.6 Null-Fehler-Management

Null-Fehler-Management bedeutet, Fehler drastisch zu minimieren und möglichst nahe an die Zielwerte heranzukommen. Es gibt drei wichtige Voraussetzungen für ein Null-Fehler-Management:

- Die konsequente, durchgehende Anwendung des internen Kunden-Lieferanten-Prinzips von Arbeitsgruppe zu Arbeitsgruppe. Dieses **interne Kunden-Lieferanten-Prinzip** soll sicherstellen, dass jede Gruppe der nachfolgenden die **richtige Menge zur richtigen Zeit mit Null-Fehler** übergibt. Dieses interne Kunden-Lieferanten-Verhältnis ist auch unter dem treffenden Bezeichnung **„Next Operation as Customer NOAC“** bekannt.
- Ein zuverlässig verfügbarer, fähiger Maschinen- und Gerätepark.
- Ein konsequent auf allen Ebenen durchgeführtes Qualitätsverbesserungsprogramm.

Auf der Basis dieser Voraussetzungen sollen zusätzlich alle Mitarbeiter motiviert werden, die kleinen Fehlerquellen in ihrem Arbeitsbereich zu eliminieren.

Für typische Fehlhandlungen werden Fehlhandlungsvermeidungsmechanismen **Poka-Yoke** eingeführt.

Dann müsste eigentlich der praktische **Null-Fehlerbereich von unter 40 ppm** Fehlerquote auch erreichbar sein.

Inzwischen geht man einen Schritt weiter und strebt eine Verbesserung über Null-Fehler hinaus an. Im Klartext heißt das, sich nicht mit der Einhaltung der Toleranzgrenzen zufrieden zu geben – was ja nach bisherigem Verständnis Null-Fehler bedeutet –, sondern innerhalb der Toleranzgrenzen sich ganz **nahe an die Zielwerte** heranzuarbeiten und damit der oben dargestellten Erkenntnis von Taguchi zu entsprechen.

3.6.1 Six Sigma Management

Das so genannte, von Motorola entwickelte und inzwischen weit verbreitete **Six Sigma Management** geht einen ähnlichen Weg in Richtung Null-Fehler und einer Streuungsminimierung um den Zielwert. Die dabei zugrunde gelegte Normalverteilung soll die Toleranzgrenzen erst bei beidseitig **6 Sigma** erreichen.

Six Sigma Management folgt einem strukturierten Ansatz zur Prozess-optimierung. Im Kern des Six-Sigma-Konzeptes steht eine Verbesserungs-dynamik aus den fünf Schritten **DMAIC:**

DEFINE – MEASURE – ANALYSE – IMPROVE – CONTROL

DMAIC ist auf die konsequente Optimierung von Produkten und Prozessen in Richtung Null-Fehler ausgerichtet und verwendet dabei das gesamte Instrumentarium der Qualitätstechnik und -statistik. Dafür sollte jedes Unternehmen entsprechende Experten zu so genannten **Black Belts** ausbilden lassen. Die von Wappis/Jung [19] entwickelte praktische Six Sigma Roadmap orientiert sich an dieser bekannten Phasenstruktur DMAIC:

Das unten stehende Bild 3-3 zeigt die dementsprechende Vorgehensweise zur Abwicklung von Verbesserungsprojekten in Form der **Six Sigma Roadmap.** Jeder Balken beschreibt eine Six Sigma-Phase. Den Phasen zugeordnet sind die Ziele, die Hauptaufgaben, die ausgewählte Werkzeuge und die Ergebnisse dargestellt.

Die Hauptaufgaben entsprechen dem Projektstrukturplan. An ihnen orientiert sich die gesamte Abwicklung des Projektes. Während der Planung des Projektes unterstützen die Hauptaufgaben bei der Festlegung der Planung der Termine sowie bei der Abschätzung der erforderlichen Ressourcen.

Orientiert man die Projektpräsentation und das Projektreporting an den Hauptaufgaben, so können sich Außenstehende rasch einen Überblick über das Projekt verschaffen. Nicht zuletzt hilft diese Struktur auch dem Projektteam, sich nicht im Detail zu verlieren. Ein regelmäßiger Blick auf die Gesamtstruktur des Projektes hilft zu überprüfen, ob man auch die richtigen Dinge tut und die geeigneten Werkzeuge anwendet.

Mit diesem Six Sigma Management lassen sich erstaunliche Einsparungs- und Verbesserungspotenziale ausschöpfen. Es beschränkt sich allerdings auf Einzelprojekte, was der unternehmensweiten KAIZEN-Idee nicht so recht entspricht.

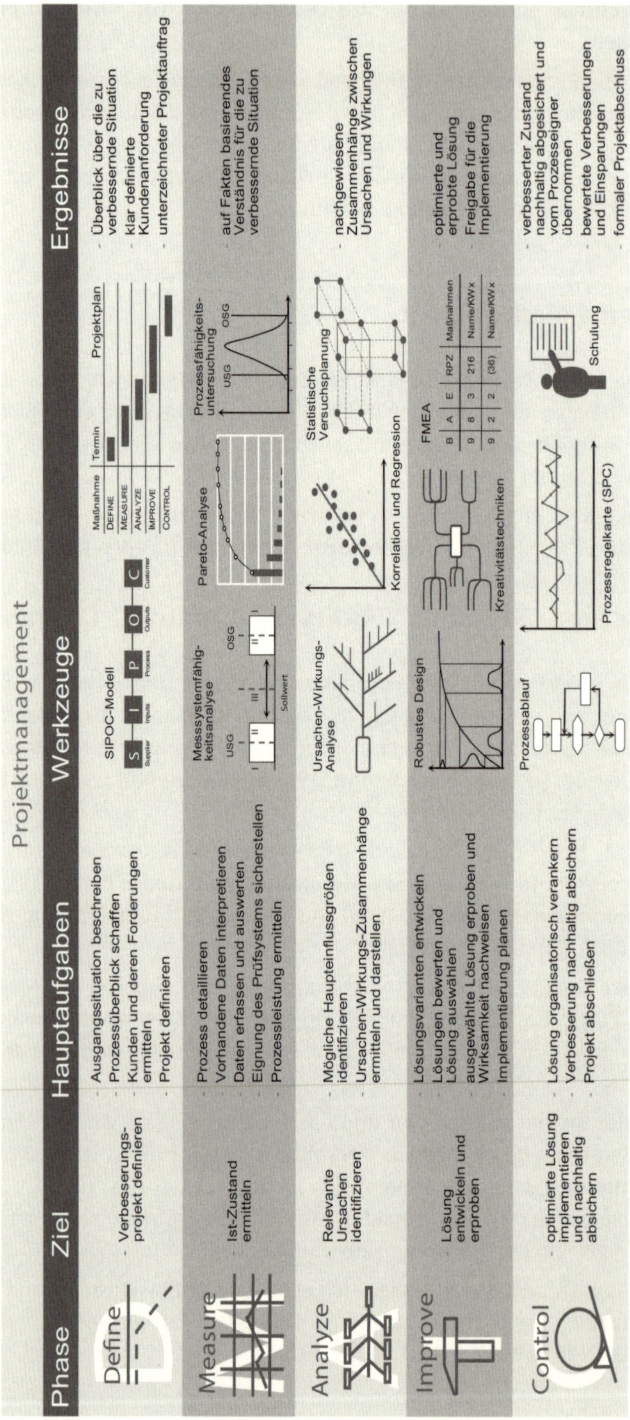

Bild 3-3: Die Six Sigma-Roadmap nach Wappis/Jung [19]

3.6.2 Fehlhandlungssicherheit Poka-Yoke

Der japanische Ausdruck Poka-Yoke (übersetzt: *Vermeidung zufälliger Fehler*) bezeichnet ein aus mehreren Elementen bestehendes Prinzip, welches technische Vorkehrungen und Einrichtungen zur Fehlerverhütung bzw. zur sofortigen Fehleraufdeckung umfasst. Die Poka-Yoke -Philosophie versucht überall dort, wo Menschen im Fertigungsprozess Fehler verursachen können, diese durch geeignete Maßnahmen gar nicht erst auftreten zu lassen. Die Systeme hierfür sind vielfältig und reichen von Zähleinrichtungen und Einlegeschikanen bis zu Lichtschranken.

Poka Yoke

Zielsetzung:

Vermeidung unbeabsichtigter Fehler menschlicher Arbeit (Fehlhandlungen)

Methode:

Poka Yoke untersucht die Logik des Arbeitsprozesses und sammelt dazu relevante Daten während der Ausführung. Stimmen diese nicht mit der Logik überein, erfolgt eine Warnung oder eine Arbeitsunterbrechung.

Beispiele:

Problem	Lösung
Vergessen von Arbeitsvorgängen	Zählwerke prüfen Anzahl der Arbeitsvorgängen
Verwechseln ähnlicher Teile	Produktgesteuerte Freigabe nur des richtigen Teils
Arbeit nicht richtig ausgeführt	Messung wichtiger Parameter mit Eingriffsgrenzen wie Drehwinkel und Drehmoment bei Verschraubungen

Bild 3-4: Poka-Yoke Fehlhandlungsvermeidung

Poka bedeutet im Japanischen der zufällige, unbeabsichtigte Fehler, Yoke bedeutet Vermeidung oder Verminderung von Fehlern, so dass sich der Ausdruck Poka-Yoke als Vermeidung unbeabsichtigter Fehler - **„fehlhandlungssicher“** - übersetzen lässt.

Poka-Yoke wurde von **Shigeo Shingo** zusammen mit der Fehlerquelleninspektion im Rahmen des Toyota Production Systems TPS entwickelt. Poke-Yoke ist inzwischen fester Bestendteil von TPS!

Im Vordergrund des Poka-Yoke-Konzepts steht die Überzeugung, dass selbst das Produzieren einer kleinen Anzahl fehlerhafter Teile nicht akzeptabel ist. Eine Firma muss, um ein Wettbewerber von Weltklasse zu sein, nicht nur einer Philosophie, sondern einer **Praxis der Null-Fehler-Produktion** folgen. Für die Haupteinsatzgebiete von **Poka-Yoke** können folgende Charakteristiken genannt werden:

1. **Fehlerquellenvermeidung** und Entdeckung von Fehlhandlungen an ihrem Ursprung, bevor sie Fehler verursachen. Ein Beispiel ist ein zusätzlicher Aufnahmestift zur Verhinderung einer falschen Ausrichtung eines Werkstückes in einer Vorrichtung.
2. **100-Prozent-Prüfungen** hinsichtlich Fehler unter Verwendung billiger Erkennungsvorrichtungen, wie z. B. Endschalter oder Lochplatten.

3. **Automatische Sofortmaßnahme** zum Anhalten des Arbeitsganges, wenn eine Fehlhandlung entdeckt wurde, wie z. B. ein verriegelter Stromkreis zum **automatischen** Abschalten einer Maschine (Baka-Yoke).

Beschreibung des Prozesses: Frontabdeckungen werden an Lautsprecherboxen angebracht.	
Vor der Verbesserung: Da die Befestigungslöcher der Lautsprecherabdeckungen oben und unten symmetrisch waren, war die Bestimmung der ordnungsgemäßen Ausrichtung schwierig. Eine richtige Anbringung hing nur von der Wachsamkeit der Mitarbeiter ab, mit der Folge, daß die Abdeckungen manchmal seitenverkehrt auf die Frontplatte angebracht wurden.	**Nach der Verbesserung:** Die Befestigungslöcher wurden oben asymmetrisch positioniert. Falsches d.h. seitenverkehrtes Anbringen ist so unmöglich. Fehler sind vollständig beseitigt.
	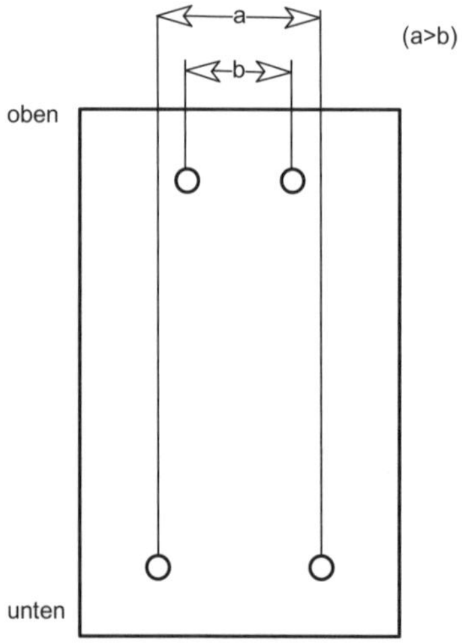

Bild 3-5: Beispiel einer Poka-Yoke Anwendung bei der Montage einer Lautsprecherabdeckung [8]

Diese drei Charakteristiken könnten in ihrer praktischen Bedeutung etwa 60:30:10 gewichtet werden.

Jede Poka-Yoke-Maßnahme muss sicher wirken, einfach und billig sein!

Poka-Yoke kann von den Bereichsübergreifenden Problemlösungsteams, den Qualitäts-Zirkeln, den KVP-Teams und der Arbeitsvorbereitung durchgeführt werden. Selbstverständlich kann auch jede Arbeitsgruppe entsprechende Vorschläge machen. Jede Poka-Yoke Maßnahme muss vorher gründlich unter verschiedenen Aspekten getestet werden!

3.6.3 Systematische Beobachtung und Prozessoptimierung mit der Shainin-Methode

Dorian Shainin, ein amerikanischer Unternehmensberater, betrachtet mittels sorgfältig ausgewählter Praktikermethoden vorhandene oder gewonnen Daten genau mittels geeigneter Praktikermethoden und stellt diese grafisch dar.

Seine Praktiker-Verfahren sind so zusammengestellt, dass sie durch systematische Beobachtung nützliche Hinweise auf wichtige Einflussgrößen liefern.

Das Motto von Shainin lautet:

„LASST NICHT DIE INGENIEURE RATEN; LASST DIE TEILE SPRECHEN!"

Zur Anwendung der Optimierungsmethoden nach Shainin müssen allerdings Prozesse bereits vorhanden sein; also mindestens eine Pilotserie. Besonders geeignet ist die Shainin-Methode deshalb zur Optimierung laufender Prozesse, die als bestehende Versuchsreihen angesehen und ausgewertet werden können.

Das Hauptziel ist dabei die Reduzierung der Einflussgrößen auf drei bis vier wichtige „homing-in" genannt, die dann – falls überhaupt noch notwendig – in einem vollfaktoriellen Versuch optimiert werden können.

Den Weg, wie über einfache, praxisnahe Selektionsmethoden die ergebnisrelevanten Roten X ermittelt werden, zeigt schematisch Bild 3-5 auf.

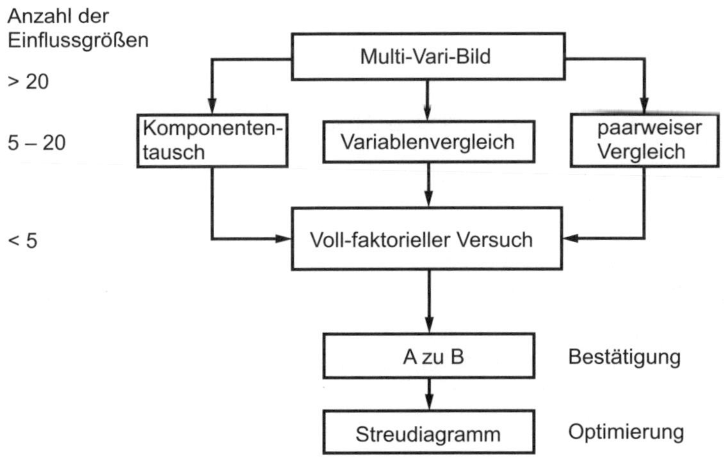

Bild 3-6: Schematischer Ablauf der Shainin-Methodik

Voraussetzung für den Einsatz der Methode ist, dass bereits etwas Beobachtbares also Daten vorliegen. Daher liegt wie gesagt ihr **Anwendungsschwerpunkt in der Fertigung.**

Die Shainin-Methoden sollen Ideen und Hinweise für eine systematische Sammlung und Darstellung von Daten liefern, die durch eigene Beobachtungen und Erfahrungen erweitert werden können.

Die vier Praktiker-Verfahren der Shainin-Methode zur Eingrenzung und Identifizierung von Einflussgrößen:

- **Multi-Variationskarten:** Durch Beobachtung werden mögliche Streuungsursachen eingegrenzt (Bild 3-5). Eine Multivariationskarte zerlegt die Streuung hauptsächlich in die drei Anteile der
  - *Streuung innerhalb eines Teiles (partielle, zeitliche Variation)*
  - *Streuung zwischen den Teilen (zyklische Variation)*
  - *Streuung von Stichprobe zu Stichprobe (zeitliche Variation)*
- **Komponententausch:** Die Komponenten einer guten und einer schlechten Baugruppe werden wechselseitig solange vertauscht, bis die gute Baugruppe schlecht und die schlechte gut wird. Die ausschlaggebende Komponente wird so identifiziert.
- **Paarweiser Vergleich:** Bei nicht zerlegbaren Einheiten werden eine gleiche Anzahl Gut- und Schlechtteile miteinander verglichen und die häufigsten Merkmalabweichungen festgestellt.
- **Prozessvergleich und Variablensuche:** Dient zur Fehleranalyse bei Prozessen mit sporadisch auftretenden Problemen. Man vergleicht die Fertigungsbedingungen bei guten und schlechten Ergebnissen. Wiederkehrende Unterschiede können auf Problemursachen hinweisen. Es wird versucht, die Haupteinflussgrößen zu ermitteln.

Die Suche nach der oder den wichtigsten Einflussgrößen umschreibt Shainin mit der

SUCHE NACH DEN ROTEN X (HAUPTPROBLEMURSACHEN).

Bleiben nach dem „homing-in" vier oder weniger Einflussgrößen über, schlägt Shainin falls notwendig, einen

- **vollfaktoriellen Versuch auf zwei Stufen** vor, um die Effekte der Haupteinflussgrößen und ihrer Wechselwirkungen zu ermitteln und zu optimieren.

  Mitunter können jedoch schon die Ergebnisse obiger vier Praktikerverfahren (Die Verfahren der Shainin-Methode zur Reduzierung der Einflussgrößen) die gewünschte Optimierung herbeiführen.
- **Bestätigungsversuch:** Prozessvergleich alt gegen verbessert.
- **Optimierung** des Prozesses nach erfolgreicher Bestätigung der Versuchsergebnisse.

Auffallend ist bei Shainin die Anwendung des **Prinzips des praktischen Vergleichens.** So sind es „gute" und „schlechte" Einheiten, Produkte oder Prozesse, „aktuelle" und „besserer" Einheiten, die miteinander verglichen werden, um mithilfe dieser Unterschiede die wahren, die **wichtigen Einflussgrößen** oder Faktoren zu finden, die diese Differenzen hervorrufen.

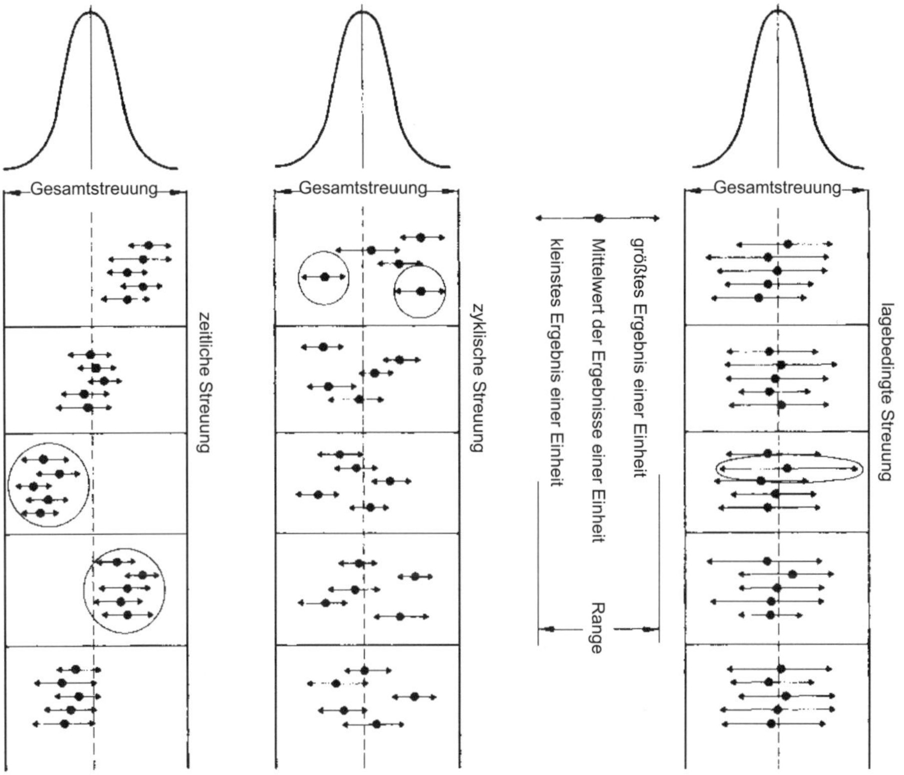

Bild 3-7: Die drei Variationstypen der Multi-Variationskarten

3.7 Einbeziehung der Mitarbeiter

3.7.1 Teamkonzept und Gruppenarbeit

Erfolgreicher Gruppenarbeit liegt nachfolgende Erfahrung zu Grunde:

DIE GRUPPE SIEHT, WEISS UND KANN MEHR ALS DER EINZELNE!

Schlankes Produktionsmanagement überträgt ein Maximum an Aufgaben und Verantwortung auf Arbeitsgruppen die Wertschöpfung erbringen. Gruppen können bei ihrer Arbeit Fehler effizienter vermeiden, identifizieren und eliminieren, bevor Störungen auftreten.

Jede Tätigkeit in diesen 10 bis 15 Werker umfassenden **Wertschöpfungsgruppen** unterliegt deren **Eigenverantwortung** und **Selbstkontrolle.** Lässt sich die dem nachfolgenden, internen Kunden zu liefernde Null-Fehler-Qualität nicht einhalten, wird der Arbeitsfluss unterbrochen, bis das Problem selbstständig oder mit angeforderter Unterstützung gelöst worden ist.

Gruppenarbeit ist somit zu einem wichtigen Element betrieblicher Innovation geworden, die sich vom Fließbandorientierten Taylorismus weitgehend verabschiedet. Sie bildet das Herzstück des schlanken Unternehmens.

Grundelemente der Gruppenarbeit

- Gruppenarbeit erhöht die Leistungsfreude; Gruppen denken ganzheitlicher.
- In der Gruppe werden Fehler von Einzelnen rascher entdeckt.
- Gruppen erkennen mehr Probleme; ihr Problemlösungsvermögen ist größer.
- Gruppen sparen durch Selbstverwaltung, Selbstkontrolle und autonome Instandhaltung viele Hilfsfunktionen.
- Gruppen gleichen kurzfristig Leistungsüberschuss und Fehlbedarf aus.
- Teamfähigkeit, konstruktive Kritikfähigkeit, Training-on-the-job, werden in der Gruppe eingeübt.
- Persönliches Ansehen ist vom Nutzen für die Gruppe abhängig; der gemeinsame Nutzen und Erfolg stärkt das Wir-Gefühl.

Das Gruppenkonzept sieht das Team als natürliches, unverzichtbares Bindeglied zwischen Mitarbeiter und Unternehmen. Über die gleichzeitige Mitgliedschaft in mehreren größeren, horizontalen und vertikalen Gruppen sind die betrieblichen Teams gut miteinander vernetzt und können vieles ohne Hilfsstellen erledigen.

Gruppen bedürfen allerdings äußerer und innerer **Wachstumsförderer.** So hat z. B. jede Wertschöpfungsgruppe einen Gruppenführer und zwei bis drei Gruppen werden von einem Meister betreut. Etwa zehn solcher Betreuer unterstehen der Schichtleitung. Die besten Mitarbeiter kommen zu den wichtigsten Wertschöpfungsprozessen – eine vertikale Weiterentwicklungschance also. Die Gruppen haben Eigenverantwortung und brauchen entsprechend Information und Kompetenz. Sie gehört in die Hände derjenigen, die Aufgaben zu bewältigen haben und über **Problemlösungsqualifikation** verfügen. Das führt zum so genannten **shop floor management,** das die Probleme dort lösen lässt, wo sie auftreten, mit dem Know-how der unmittelbar Betroffenen und Beteiligten (siehe auch Abschnitt 6).

3.7.2 Eigenverantwortlichkeit

Es scheint angebracht, auf die bereits mehrfach angesprochene Eigenverantwortlichkeit etwas näher einzugehen. Die Voraussetzung für Eigenverantwortlichkeit ist neben **Fachkompetenz** in der Hauptsache **Selbstdisziplin und Eigeninitiative**.

Zur Selbstdisziplin gehören **Pünktlichkeit, Ordnung, Sauberkeit** und Einhaltung von Regeln und Vorschriften. Zur Eigeninitiative gehören das selbstständige Mitdenken und die Bereitschaft, die eigene Leistung ständig zu verbessern.

Das Management muss zur Förderung der Eigenverantwortlichkeit durch Motivation, **Aus- und Weiterbildung**, Übertragung von Verantwortung und ausreichenden **Informationsaustausch** beitragen, nachdem es durch einen Teamorientierten Führungsstil eine Vertrauensbasis und ein gutes Betriebsklima geschaffen hat. Eigenverantwortliche Mitarbeiter brauchen eher einen **Coach** als einen Boss. Sie sind als Subunternehmer (*Entrepreneurship)* im Unternehmen verantwortlich tätig und ihnen werden Teilprozesse anvertraut, die sie als Teilprozesseigner (*Ownership*) selbstständig durchführen.

Eigenverantwortlichkeit, Ownership, Entrepreneurship

Selbstdisziplin:
Pünktlichkeit, Ordnung, Sauberkeit, Regeltreue, Verantwortlichkeit

Eigeninitiative
Mitdenken, Informieren, Selbstkontrolle, Verbessern, Handeln

Fachkompetenz
Qualifikation, Expertenwissen, Problemlösungskompetenz

Auf dieser Basis kann *Employee-Empowerment* und *Entrepreneurship* zu einer neuen Verantwortungskultur im Unternehmen werden.

3.7.3 Problemlösungskompetenz

Die Ausbildung und regelmäßige Weiterbildung der Mitarbeiter durch Training in Kursen und am Arbeitsplatz nimmt einen hohen Stellenwert ein. Trainingsumfang und -inhalt, *Wiederholtraining*, Praxisworkshops, Trainingszeiten und -orte sind sehr sorgfältig individuell zu planen. Nur wenn Mitarbeiter vorzüglich geschult und informiert sind, können sie sich für höchste Qualitätsziele voll einsetzen. Anzustreben ist ein durchgreifendes **Ausbildungsprogramm,** das sowohl in die Tiefe als auch in die Breite geht. Der Trend geht zu **multiskilled workers**, die flexibel einsetzbar sind und *Problemlösungskompetenz* erworben haben.

Problemlösungskompetenz erwirbt man sich unter anderem durch engagierte Mitarbeit in KVP-Workshops, Qualitätszirkel, QV-Teams und bei Problemlösungen in der Gruppenarbeit. Der Wille zum Erwerb von Problemlösungskompetenz setzt *Problembewußtsein* voraus und das Beherrschen von *Problemlösungstechniken*, besonders der „Seven Tools" den elementaren Qualitätswerkzeugen Q7. Es setzt aber auch voraus, das Die Führungskräfte ein kluges System der **Jobrotation** anwenden!

Mit multiskilled workers können moderne Unternehmen schnell und flexibel auf Sonderwünsche der Kunden und veränderte Markttrends eingehen. In diesem Zusammenhang ist es bemerkenswert, dass eben wegen ihrer höheren **Flexibilität in Japan wieder mehr gut und vielseitig ausgebildete Fachkräfte** und weniger Roboter und Fertigungsautomaten eingesetzt werden.

3.7.4 Lernende Organisation

Ständige Verbesserung steht in unmittelbarem Zusammenhang mit **Lernfähigkeit** und Bereitschaft zur **Veränderung.** Eine Organisation muss daher heute zu einer *lernenden Organisation* werden, wenn sie erfolgreich bleiben will.

Sie muss das Verhalten ändern und auf den wachsenden Zeit-, Qualitäts- und Kostendruck reagieren. Ein verändertes, **Prozessorientiertes Denken** kann dieser Situation bereits Rechnung tragen und sie einleiten.

Hauptaktivitäten einer lernenden Organisation:

- Steigerung der Problemlösungskompetenzen
- Experimentieren mit neuen Wegen, *Changemanagement*
- Lernen aus der eigenen Erfahrung und Geschichte
- Lernen aus den Erfahrungen der Besten
- *Wissensmanagement* in alle Bereiche der Organisation
- Neugier und Aufgeschlossenheit gegenüber neuen Wissensgebieten

Auf diese Weise kann aus ständiger Verbesserung und Veränderung ein spannender, natürlicher Lebensweg werden – eine **Total Quality Society**.

Eine lernende Organisation soll aber auch die *Emotionen* der Menschen berücksichtigen und den Mitarbeitern das *Erfüllen von Werten* ermöglichen.

Ständiges Verbessern, Erneuern, Umgestalten und Umorientieren kann manchmal Risiken mit sich bringen, die für das Unternehmen und für den Einzelnen überschaubar und verkraftbar bleiben sollen.

Der japanische Topmanager **Konsuke Matsushita** sagte schon 1989 vor amerikanischen Industriellen:

„Nur unter Ausnutzung der kombinierten Denkleistung aller Mitarbeiter kann sich ein Unternehmen den Turbulenzen und Zwängen erfolgreich stellen.

Für uns besteht Management exakt in der Kunst, das intellektuelle Potenzial aller Mitarbeiter des Unternehmens zu mobilisieren und zusammenzubringen.

Das Überleben der Unternehmen wird letztlich von der alltäglichen Aktivierung des letzten Gramms von Intelligenz abhängen."

3.8 Ausblick auf Industrie 4.0

Industrie 4.0, die sogenannte *vierte industrielle Revolution*, wird besonders von Deutschland in den letzten Jahren vorangetrieben. Ihr Kernpunkt ist die totale Vernetzung sowie transparente Durchgängigkeit des Engineerings über die gesamte Wertschöpfungskette. Basis ist die Verfügbarkeit aller relevanten Informationen in Echtzeit durch Vernetzung aller beteiligten Instanzen.

Der Focus von Industrie 4.0 liegt auf der Produktion intelligenter Produkte mittels durchgehend vernetzter Verfahren und Prozesse. Eine der Schlüsseltechnologien für Industrie 4.0 ist daher eine sichere Informationstechnik. Produktionsnahe IT - oder Manufactoring Execution Systems MES sind für Industrie 4.0 unverzichtbar.

Die **Smart Factory** gemäß Industrie 4.0 beherrscht komplexe Vorgänge, ist weniger störanfällig und steigert die Effizienz in der Produktion.

Die vernetzten Maschinen in der Smart Factory kommunizieren selbstständig miteinander. Der Status der beteiligten Prozesse ist für Mensch und Maschine immer transparent.

Unternehmen werden zukünftig ihre Maschinen, Logistiksysteme und Betriebsmittel als Cyber-Physical Systems CPS weltweit vernetzen. Die durchgehende Betrachtung von Produkt, Produktionsmittel und flexiblen Produkt-ionssystemen führt schließlich zu **Cyber-Physical Production Systems CPPS**.

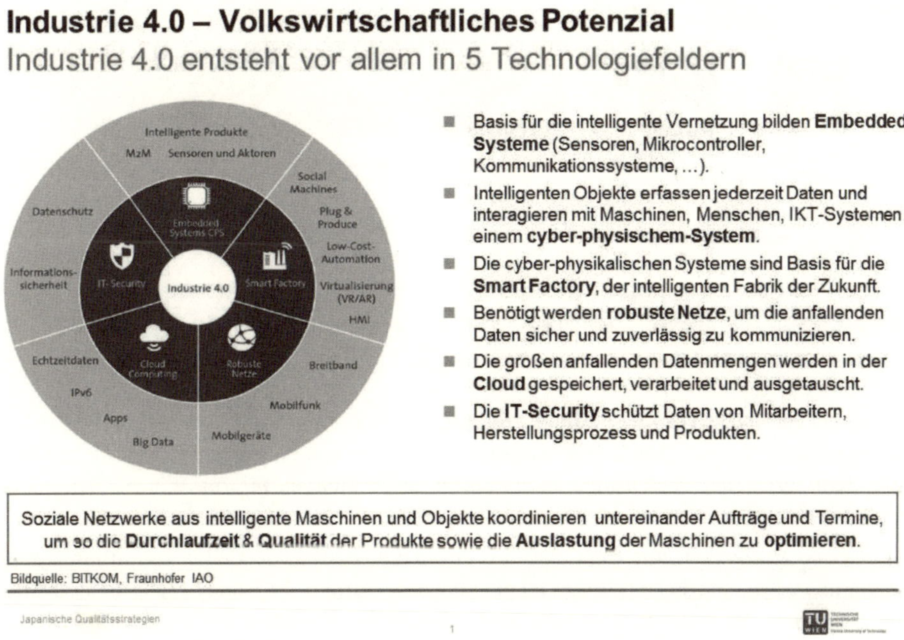

Bild 3-8: Die fünf Technologiefelder von Industrie 4.0 (Fraunhofer IAO, Stuttgart)

Um Industrie 4.0 in der Praxis umzusetzen, ist das Zusammenspiel von fünf Technologiefeldern notwendig:

- Embedded Systems CPS (Komunikationssysteme)
- Smart Faktory (intelligente Fabrik)
- Robuste Netze (Zuverlässigkeit der Netze)
- Cloud Computing (Speicherung der Datenmengen)
- IT- Security (sichere Verfügbarkeit und Schutz aller IT-Systeme).

Dazu ist die Zusammenarbeit verschiedener Wissensgebiete notwendig. In Deutschland wurden zu diesem Zweck einige Pilotfabriken gegründet. Die *Mutter* aller Industrie 4.0-Demo-Fabriken steht in Kaiserslautern. Österreich hat ebenfalls eine Pilotfabrik in Wien-Aspern, die von der TU Wien betreut wird.

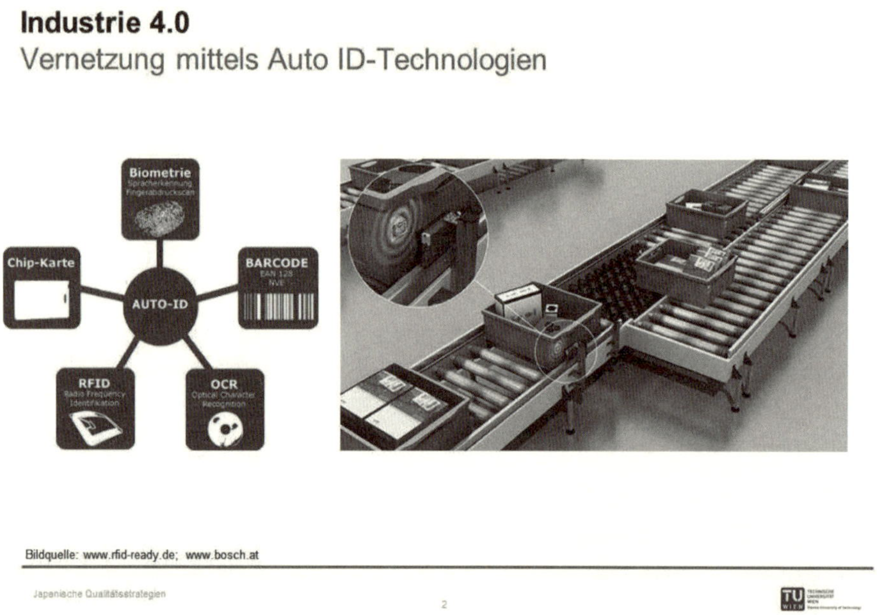

Bild 3-9: Mittels Auto ID-Technologien steuern die Werkstücke automatisch ihren Bearbeitungsablauf (Bosch, Stuttgart)

Im Scenario von Industrie 4.0 erklärt der Rohling der Maschine wie er bearbeitet werden will. Ermöglicht wird das ganz einfach durch ein aufgeklebtes elektronisches Etikett, dem **Smart-Tag** (s. Bild 3-9). Einer der Vorteile: man kann kleinste Mengen bis zum Einzelstück kostengünstig herstellen (s. a. one-piece-flow in Abschnitt 7).

Eine gewisse Ähnlichkeit mit dem mehr als ein halbes Jahrhundert älteren **Kanban-System** ist erkennbar. Aus den Bestell- und Lieferschildchen wurden die Smart-Tags. Auch das dem Kanban zugrundeliegende pull-Prinzip des Supermarktes findet in dessen Bar-Code Bezahlsystem eine Entsprechung.

Noch drastischere Auswirkungen als Industrie 4.0 könnte der **3-D-Druck** mit sich bringen. Statt ein Werkstück in zahllosen Produktionsschritten zu bearbeiten, würde es einfach dreidimensional ausgedruckt werden.

Welche wichtigere Aufgabe kann
das Leben bereithalten,
als die einem Moment innewohnenden
Möglichkeiten zu ergreifen!

4 Lean Production Management LPM

4.1 Total Process Improvement - TPI

Der Leitgedanke, dass bessere Qualität verbesserte Produktivität zur Folge hat und damit zur Kostensenkung, Ergebnisverbesserung und Arbeitsplatzsicherung beiträgt, muss für jeden Prozess konkret umgesetzt werden! Total Process Improvement TPI ist ein erprobtes Programm für die angestrebte bessere Ressourcennutzung.

Bessere Ressourcennutzung

- Ausschöpfen der Verbesserungspotenziale im Herstellungsprozess
- Ausschöpfen der Kosteneinsparungspotenziale
- Eliminieren von Verschwendung
- Optimieren und Vereinfachen von Teilprozessen und Abläufen
- Durchlaufzeitenreduzierung
- Rüstzeitminimierung
- Prozess-Redesign: Umgestaltung von Prozessen
- Öko-Audit, Umweltmanagement

Diese Elemente von TPI stammen aus TQM, LPM, KAIZEN sowie TPM und werden je nach den Strategieschwerpunkten eines Unternehmens zu einem **Produktivitätssteigerungsprogramm** zusammengestellt. Damit kann auf den wachsenden Zeit-, Kosten- und Qualitätsdruck angemessen reagiert werden. In großen Zügen umfasst TPI somit die wesentlichen Grundelemente von **Lean Production Management LPM**.

Der Begriff „Lean", also schlank, wurde ursprünglich 1990 von den Autoren der bekannten MIT-Studie J. Womack, D. Jones, D. Roos [1] geprägt und dem Begriff „buffered", also „üppig" gegenüber gestellt.

Die Autoren diese MIT-Studie, die auch als „zweite industrielle Revolution" (Titel der deutschen Übersetzung) bezeichnet wird, untersuchten erstmals die Ursachen und Hintergründe der eklatanten Produktivitäts- und Qualitätsvorsprünge der japanischen Autohersteller, nämlich Verdoppelung der Ergebnisse bei halbiertem Mitteleinsatz (Bild 4-3) und schufen in ihrer Studie den Begriff Lean Production Management“ LPM.

Lean-Prinzipien nach Womack/Jones

- **Wert:** Wert aus Sicht des Endkunden
- **Wertstrom:** Arbeitsschritte ohne Verschwendung
- **Fluss:** unterbrechungsfreier Wertstromfluss
- **Pull:** der Kundenauftrag bestimmt den Arbeitstakt
- **Perfektion:** kontinuierliche Verbesserung

Diese fünf grundlegenden Lean-Prinzipien wurden von Womack/Jones aufgrund ihrer umfangreichen Untersuchungen abgeleitet und in dem Buch „Lean Thinking“ umfassend beschrieben.

4.2 Lean Management, schlanke Strukturen

Was ein schlankes Unternehmen auszeichnet, ist die außerordentliche Beständigkeit, mit der alle eigenen und fremden Ideen, Methoden und Strategien zur Steigerung der eigenen Leistungsfähigkeit eingesetzt werden! Folgende Arbeitsprinzipien ergeben sich daraus:

Arbeitsprinzipien von Lean Management

- Gruppen- und Teamarbeit
- Eigenverantwortung
- vollständige Information
- Kundenorientierung
- Priorität der Wertschöpfung
- Standardisierung
- ständige Verbesserung
- sofortige Fehlerabstellung an der Wurzel
- Vorausdenken und Vorausplanen
- kleine, beherrschte Schritte

Auf dem Weg zur Weltspitze ist es unerlässlich, Ballast abzuwerfen, immer wiederkehrende Fehlerquellen auszuschalten und jede Art von Verschwendung zu vermeiden. Das heißt also, **Nichtwertschöpfende Funktionen ausdünnen**. Dazu muss sich das Unternehmen von einer nur Funktionsorientierten Organisation lösen und eine **Prozessorganisation** einführen. Darin werden wertschöpfende Prozesse und *Prozesseigentümer* genau definiert und die Prozesse zu *Prozessketten* mit *internen Kunden-Lieferanten-Verhältnissen* verbunden.

So entsteht ein natürlicher, straff organisierter Ablauf des *Wertschöpfungsprozesses* im Unternehmen. Aktivitäten, die keinen Kunden haben und deren Leistung nicht in der Wertschöpfungskette weiterverarbeitet wird, werden aufgelöst.

Jeder **Prozesseigentümer** ist für eine *optimale Prozessbeherrschung* und *Null-Fehler-Qualität* voll verantwortlich.

Die **Verschlankung der Strukturen** führt gleichzeitig zum *Abbau von Beständen und Puffern* aller Art nach dem **Just-in-Time Prinzip.**

Die **Wertschöpfungsgruppen** stellen ihrem internen Kunden die richtige Menge zur richtigen Zeit am richtigen Ort in Null-Fehler-Qualität bereit. **Gruppenstrukturen** sind folglich unerlässlich für das Funktionieren von „Lean“!

Lean Management bedeutet aber auch, bewusst eine **Prozessneuorientierung** im Sinne eines **Business Reengineering** durchzuführen - allerdings mit Bedacht und in kleinen Schritten!

Bild 4-1: Grundstrategien von Lean Management

■ 4.3 Lean Production, schlanke Fertigung

Die heutigen Anforderungen an ein Unternehmen, wie kostengünstige Produktion, flexible Reaktion auf Nachfrageschwankungen, hohes Qualitätsniveau und die Erfüllung vermehrte Umweltauflagen stellen an mittelständischen Unternehmen in High-Tech-Industrieländern hohe Anforderungen.

Die Einführung der schlanken Produktion bewirkt geringere Bestände, eine Reduktion des Personals, der Fabrikflächen, der Lagerbestände und der Zeit für die Produkteinführung bei gleichzeitiger Steigerung der Variantenvielfalt sowie einer Reduzierung der Fehleranzahl.

Die Integration sämtlicher Unternehmensbereiche von der Managementebene bis zur operativen Ebene bildet das Zentrum dieser Idee. Sie gilt nicht nur für Produktionsbetriebe sondern gleichermaßen auch für den Handels- und Dienstleistungssektor!

Speziell Länder wie Deutschland und Österreich mit vergleichsweise hohen Lohnstückkosten benötigen besonders eine strategische Neuorientierung mit dem Ziel, die Zukunft des Unternehmens dauerhaft zu sichern.

Mit dem Begriff *„Lean Production“* oder *„schlanke Produktion“* ist eine Unternehmensgestaltungsphilosophie entstanden, die im Rahmen eines ganzheitlichen Ansatzes die **Wettbewerbsfähigkeit der Unternehmen steigern soll.**

Lean production

Wichtige Grundprozesse und Bausteine

1. Kontinuierlicher Verbesserungsprozess
2. Null-Fehler-Ziel
3. Entscheidungsbefugnisse konsequent verlagern
4. Begeisterte Kunden
5. Marktgerechtes Produktkonzept
6. Produktionsgerechtes Produkt
7. Produkt-Management mit starken Projektleitern
8. Simultaneous Engineering
9. Partnerschaft Lieferant – Hersteller
10. Einbindung der Lieferanten in Produktentwicklung
11. Kleine Produktionseinheiten
12. Geradlinige Produktion
13. Gruppenarbeit ohne Bereichsdenken
14. Funktion und Kompetenz zum Wertschöpfenden in der Produktion
15. Einfaches, umfassendes Visualisierungssystem

Bild 4-2: Bausteine von Lean Production

Kernpunkt der schlanken Produktion ist die Übertragung der Qualitätsverantwortung auf die Ausführenden. In der Fertigungsorganisation ist die **Fertigungsinsel** das Grundelement. Die Fertigungsinsel ist für die Teilequalität selbst verantwortlich. Die übergeordneten Management- und Funktionsebenen werden auf ein notweniges Minimum reduziert. Dadurch werden Blindleistungen abgebaut.

Die nachfolgend beschriebenen Veränderungen in der Produktionstechnik wurden erstmals, wie schon erwähnt, in der **MIT-Studie** „The machine that changed the world“ von Womack, Jones und Roos [1], welche 1992 in deutscher Sprache unter dem Titel „Die zweite Revolution in der Autoindustrie“ erschien, beschrieben und als **„Lean Production“** bezeichnet.

Dabei wurde zum Beispiel ermittelt, dass Ford für die Montage des Escort 1990 33,9 Stunden gebraucht hat, während für vergleichbare Modelle bei Nissan 15 Stunden und bei Toyota nur 12 Stunden benötigt wurden. Geringe Leistungsmotivation der Mitarbeiter und fortlaufende Verschwendung (Fehlleistung und Blindleistung) nennt die MIT-Studie als Hauptursachen der Differenz.

Erst mit dieser Vergleichsstudie japanischer mit westlichen Automobilherstellern gelang es, die öffentliche Aufmerksamkeit zu erregen und die westlichen Industrien wach zu rütteln!

Die schlanke Produktion wurde allerdings bereits Anfang der 50er Jahre von **Eiji Toyoda,** Nachkomme der Toyota-Gründerfamilie, und von **Taiichi Ohno,** Managing Director und Produktionsgenie bei Toyota, erfunden, als die Firma wirtschaftliche Probleme hatte. Im Westen ist dies völlig unbemerkt geblieben.

Toyota erkannte damals schon, dass das amerikanische, von Ford konzipierte Konzept der Massenfertigung verbesserungsfähig war und in Japan nur beschränkt funktionieren würde.

Bild 4-4 zeigt die wichtigsten Unterschiede zwischen traditioneller Fertigung und der schlanken Produktion.

Produktionsmanagementmethoden "Lean" versus "Buffered"

„Buffered"* (üppige) Produktionsmanagementmethode	„Lean" * (schlanke) Produktionsmanagementmethode
Maschinen- und Bandarbeiter brauchen sich um die Qualität ihrer Arbeit nicht sonderlich zu bemühen, da dafür Prüfer, Fertigsteller und Mängelbeseitiger eingesetzt sind. Für die Wartung der Maschinen gibt es hauptberuflich eingesetzte Spezialisten. Der einzelne Arbeitsplatz ist weitgehend anonym. Hoher Abwesenheitsstand von Werkern wird abgedeckt durch vorbeugend ersatzweise eingestellte Werker. Materialbestände, über den gesamten Produktionsprozess verteilt, decken Maschinenausfälle oder Qualitätseinbrüche ab. Fertigen nach Anwesenheit überlagert Produktionsprogramm, führt im Extremfall zu Fehlteilen. Reparaturflächen und -mannschaften sind in"genügender" Größe vorgehalten und verringern die Wichtigkeit, das Erzeugnis "gleich richtig" herzustellen. Resümee:	Maschinen- und Bandarbeiter sind zuständig und verantwortlich für die Qualität (Selbstprüfung), die Wartung und Verfügbarkeit der Maschinen und die ständige Verbesserung des Produktionsprozesses. Total Productive Maintenance(TPM). Organisation der Arbeit in übersichtlichen Kleingruppen. Dadurch Förderung der Teambildung. Jeder wird gebraucht und fühlt sich unentbehrlich; es fällt auf, wenn ein Kollege fehlt; das kann zu Produktionseinschränkung führen; die Gruppenkollegen springen kurzfristig ein. JIT- Fertigungssystem bedeutet Zwang zu kontinuierlicher programmgetreuer Produktion von Gut -Teilen. Der nächste Arbeitsgang ist bereits Kunde und hat Anspruch auf fehlerfreie Ware. Separate Reparaturflächen und -mannschaften werden (nicht) kaum vorgehalten. Nacharbeit wird gar nicht erst eingeplant. Resümee:
Die Betriebsleitung installiert Sicherheitsnetze wie Materialzwi schenlager, Qualitätsprüfer, Reparaturflächen und mannschaften, Ersatzpersonal für Abwesende. Diese Methode ist störungsunanfällig und beruhigend, jedoch kostspielig.	Diese Methode ist abhängig vom Können und Wollen der Belegschaft. Die Betriebsleitung muss deshalb ihre Mitarbeiter dorthin führen, eine Arbeitsorganisation mit Team-Verantwortung schaffen, die Schulung der Werker sicherstellen. JIT-Fertigung und Belieferung entwickeln und durchsetzen und ein unterstützendes Betriebsklima schaffen.

Quelle:Krafcik , MIT

Bild 4-3: Vergleichende Beschreibung von „Lean" (schlank) und „Buffered" (üppig) Produktionsmethoden in der MIT-Studie [1]

MIT-Studie (1991): Lean Production in Japan [1]		
	Produktivität	**Qualität**
	(Ø Std./Pkw)	**(Ø Montagefehler/100)**
Low Tech – Robust/Buffered	40.0	104.9
High Tech – Robust/Buffered	29.6	80.4
Low Tech – Fragile/Lean	29.5	86.5
High Tech – Fragile/Lean	**21.1**	**59.8**

Bild 4-4: Durchschnittlicher Vergleich japanischer (lean) mit westlichen (buffered) Automobilherstellern in der MIT-Studie [1]

Das **Ziel der schlanken Produktion** ist die **Vermeidung von Verschwendung** in allen Produktionsbereichen, sowohl bei der Produktentwicklung als auch in der Zulieferkette. Die Einführung der schlanken Produktion bewirkt:

Auswirkungen der schlanken Produktion

- geringere Bestände
- eine Reduktion des Fabrikpersonals, der Fabrikfläche, des Lagerstandes
- Reduktion der Zeit für die Produktentwicklung bei gleichzeitiger
- Steigerung der Produktvielfalt und einer
- Reduzierung der Fehlerzahlen.

Die Integration sämtlicher Unternehmensbereiche von der Management- bis zur operativen Ebene wie auch die Miteinbeziehung der Unternehmensumwelt bilden einen zentralen Punkt dieser Idee. Sie gilt längst nicht nur für Produktionsbetriebe, sondern auch für Handels- und Dienstleistungsbetriebe.

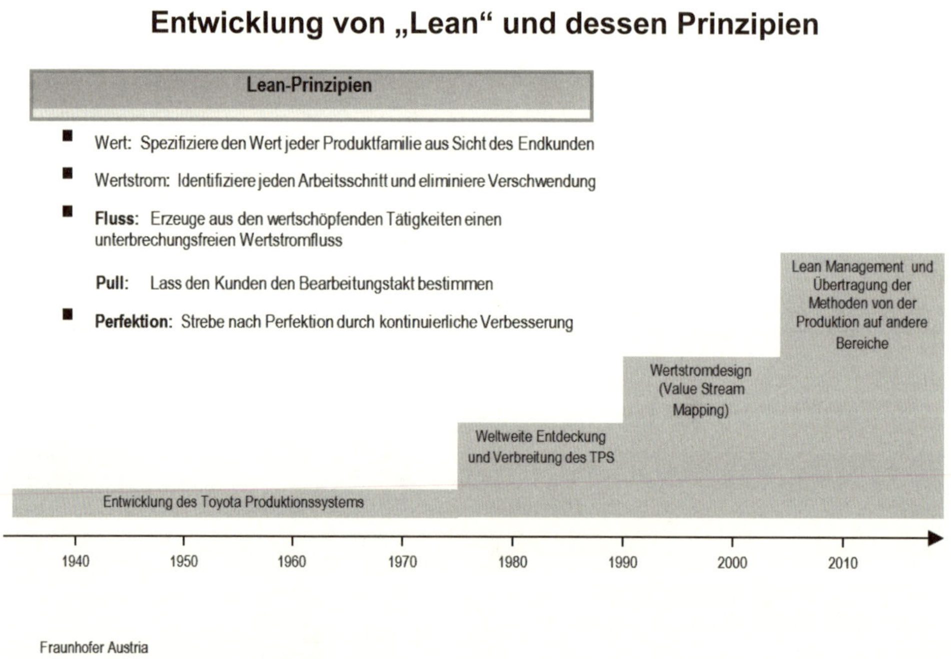

Bild 4-5: Die Prinzipien der Verschlankung

Zur Verdeutlichung dieser Lean-Prinzipien und deren Auswirkung im Unternehmen, wird unten eine Gegenüberstellung mit der traditionellen Sicht- und Arbeitsweise vorgestellt.

Es ist leicht nachvollziehbar, dass die traditionelle Fertigungsphilosophie bei dem heutigen Druck, die Produktivität ständig zu erhöhen chancenlos sein muss!

Fertigungsphilosophie	
Traditionell	*Schlanke Produktion*
Arbeitsteilung	
▪ so weitgehend wie möglich ▪ einfache Arbeit mit möglichst niedriger Lohngruppe ▪ geringer Arbeitsinhalt ▪ viele Schnittstellen	▪ so gering wie möglich ▪ qualifizierte Arbeit mit möglichst hoch qualifizierten Mitarbeitern ▪ großer Arbeitsinhalt ▪ wenige Schnittstellen
Arbeitsausführung	
▪ Losweise ▪ hintereinander geschaltet ▪ „Bringschuld"/auslastungsorientiert	▪ bedarfsgerecht ▪ überlappend ▪ „Holschuld"/ablauforientiert
Ausführungszeit	
▪ minimal je Arbeitsgang ▪ maximale Ausbringung je Minute	▪ minimal je Auftrag ▪ maximale Nutzung je Zeitperiode
Material- und Informationsfluss	
▪ getrennte Betrachtung	▪ Integration

Bild 4-6: Traditionelle und schlanke Produktion im Vergleich

Die Erfolgsfaktoren einer schlanken Produktion werden in Bild 4-7 noch einmal zusammenfassend dargestellt.

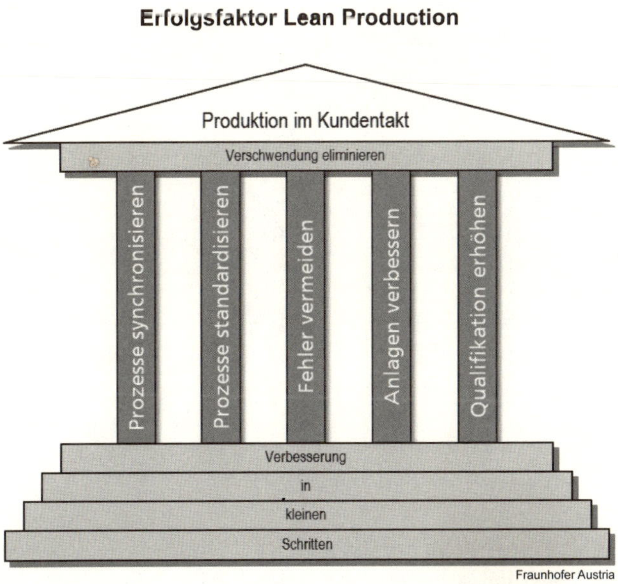

Bild 4-7: Die Erfolgsfaktoren einer schlanken Produktion

4.4 Vermeidung von Verschwendung

4.4.1 Kontinuierlicher Materialfluss

Eine ganz wesentliche Voraussetzung für Lean Production Management LPM und die Vermeidung von Verschwendung ist ein **kontinuierlicher Materialfluss ohne Unterbrechungen und ohne Zwischenlagerungen**, wie unten beschrieben.

Vorteile von kontinuierlichem Materialfluss:

- Der kontinuierliche Materialfluss benötigt keine Lager.
- Der kontinuierliche Materialfluss reagiert schnell auf Kunden.
- Es werden nur fehlerfreie Teile angenommen und weitergegeben.
- Ermöglicht frühe Fehlerentdeckung unmittelbar in der Fertigung.
- Es wird nur auf Bestellung produziert.
- Die Losgrößen sind so klein wie möglich - Das Ideal ist Losgröße 1.

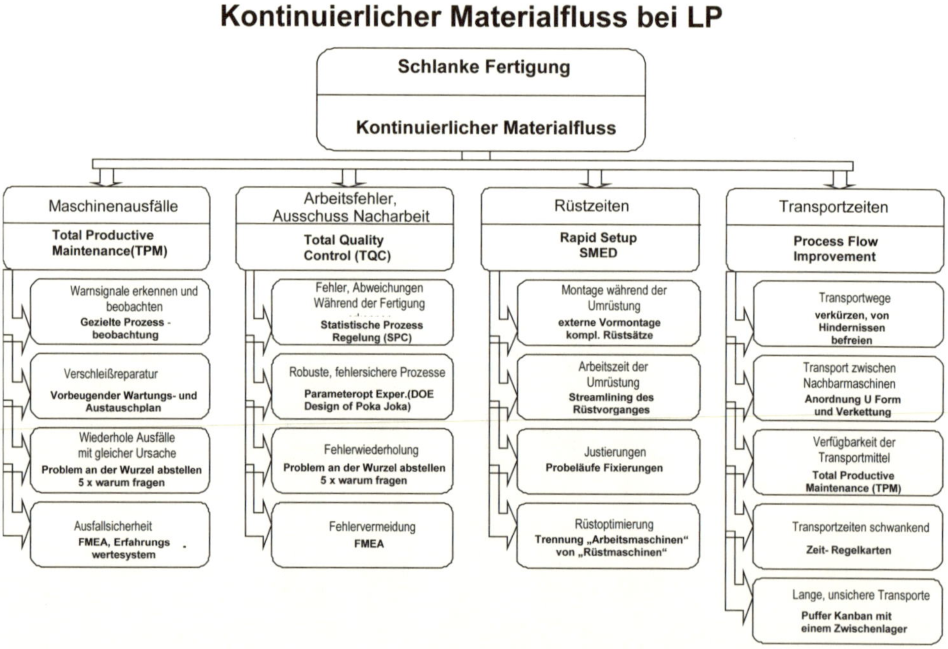

Bild 4-8: Der kontinuierliche Materialfluss bei schlanker Fertigung

Für die Wertsteigerung eines Produktes ist jedoch ein Minimum an Aufwand für Betriebsmittel, Material, Teile, Platz und Arbeitszeit notwendig. Jeder Aufwand, der **über dieses Minimum hinausgeht**, wird als Verschwendung bezeichnet.

Der kontinuierliche Materialfluss folgt naturgemäß den wesentlichen Bestandteilen des weiter oben bereits ausführlich behandelten **Just-in-Time Prinzips** und der damit verbundenen Logistikkette.

Ein kontinuierlicher Materialfluss hat praktisch ein funktionierendes Total Quality Management sowie eine eingeführte Total Productive Maintenance zur Voraussetzung.

So sind etwa Maschinen, die aufgrund von Ausfällen stillstehen, ein Paradebeispiel für Verschwendung. Das Eliminieren sämtlicher Maschinenstörungen und Maschinenausfälle ist daher für die Vermeidung von Verschwendung und das Funktionieren einer schlanken Produktion äußerst wichtig.

Process Flow Improvement ist dabei einer der notwendigen Schlüsselaktivitäten!

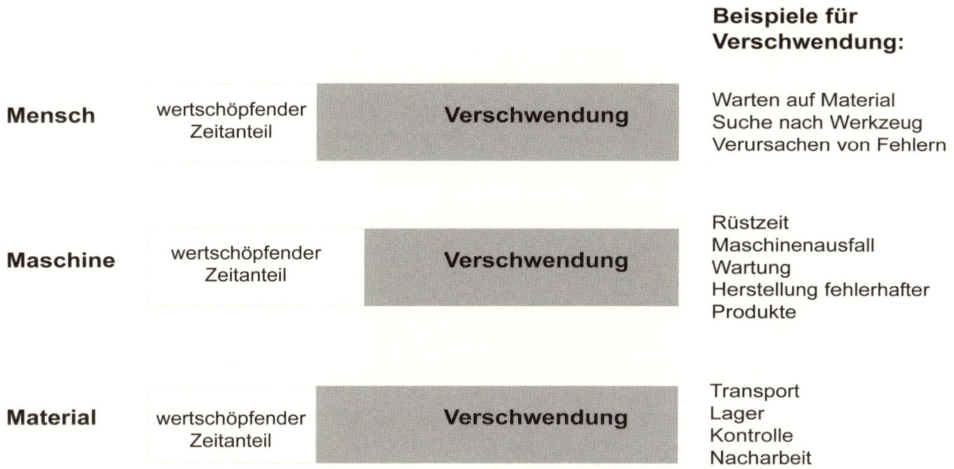

Bild 4-9: Wertschöpfung und Verschwendung bei Mensch, Maschine und Material

Die meisten Geschäftsprozesse enthalten **bis zu 80 % überflüssige Elemente** und nur bis etwa **20 % werthaltige Arbeit**! Fließende Abläufe in den Kernprozessen machen Ineffizienzen deutlich, die beseitigt werden müssen! Eine Wertstromanalyse kann hier die nötige Transparenz schaffen.

Traditionelle Prozesse verschleiern Ineffizienzen, so dass sie gar nicht bemerkt werden. So entstehen durch unbemerkte Verschwendung laufend hohe Verluste, die in keiner Kostenrechnung aufscheinen.

Der hier dringend notwendige Ansatz führt zu einer **Wertstromanalyse**, um diese Ineffizienzen zu orten und zu beseitigen (vgl. auch Bild 7-5).

4.4.2 Muda

Die Verschwendung – Muda – ist die offensichtlichste Ursache für die Entstehung von Verlusten. Die Verschwendung ist insbesondere in dem Anteil der nicht werterhöhenden Tätigkeiten an einem Produktionsprozess zu sehen.

Im Einzelnen werden sieben (oder in manchen Darstellungen acht) Arten der Verschwendung (Sieben Muda) unterschieden, die nahezu überall im Unternehmen auftreten können.

Verschwendung vermeiden wird als die Grundaufgabe jeder Verbesserung und Kostensenkung betrachtet! Auch im Toyota Production System TPS sind sieben Verschwendungsarten definiert und werden laufend hinterfragt!

MUDA: Verschwendung: Die acht nichtwerthaltigen Elemente

1. *Überproduktion:* Sie ist eine der größten Verschwendungen, die andere Verschwendungen nach sich zieht.
2. *Wartezeit und Leerlauf,* Maschinenstillstand, lange Rüstzeiten
3. *unnötige oder falsche Prozessschritte,* mangelhafte Organisation
4. *unnötige und lange Transportwege*
5. *große Lagerbestände*
6. *unnötige Bewegungen* wie Teile oder Werkzeug holen oder suchen
7. *Fehler und Fehlerfolgen* wie Nacharbeit, Ausschuss, Reparaturen
8. *ungenutzte Kreativitätspotenziale* der Mitarbeiter

Im Bild 4-10 (Seite 72-73) sind einige der wichtigsten Arten der Verschwendung recht anschaulich und einprägsam dargestellt. Eine solche Art der Darstellung eignet sich auch als Aushang im Betrieb, denn wenn Belehrendes heiter verpackt ist, kommt es meist besser an!

4.4.3 Eliminierung der drei „MU's"

Ein wichtiger Grundsatz von LPM ist jedoch nicht nur die Vermeidung von Verschwendung Muda, sondern die Vermeidung und Eliminierung **aller drei „Mu"** wie sie in KAIZEN definiert sind!

- **Muda:**
  Vermeidung von *Verschwendung* und nicht werthaltiger Vorgänge, also die vorher beschriebenen acht Verschwendungsarten. Sie stellen das größte Verlustpotenzial dar.
- **Muri:**
  Vermeidung von *Überlastung* von Menschen und Maschinen, wodurch Ausfälle und technische Defekte verursacht werden. Muri beschreibt Verluste, die durch Überbeanspruchung in Rahmen des Arbeitsprozesses entstehen. Es handelt sich dabei beim Mitarbeiter um körperliche und geistige Überbeanspruchung, die sich in Form von Übermüdung, Stress, Fehlerhäufigkeit und Arbeitsunzufriedenheit äußern kann.

Auch im Herstellungsprozess treten Überlastungen auf, die durch mangelnde Harmonisierung des Produktionsflusses oder durch Planungsfehler auftreten.

- **Mura:**
  Vermeidung von *Unausgeglichenheit,* Ungleichgewicht, unregelmäßige Produktion infolge interner Probleme. Mura drückt diejenigen Verluste aus, die durch eine fehlende oder unvoll-

ständige Harmonisierung der Kapazitäten im Rahmen der Fertigungssteuerung entstehen Es sind hier die Verluste durch Warteschlangenbildung und durch nicht optimal genutzte Kapazitäten zu nennen!

Bild 4-10: Eine heitere einprägsame Darstellung einiger wichtiger Arten der Verschwendung [22]

Bild 4-10 (Fortsetzung): Eine heitere einprägsame Darstellung einiger wichtiger Arten der Verschwendung [22]

Die Eliminierung dieser drei „Mu's" bedeutet also: Verschwendung vermeiden! Überlastung vermeiden! Unausgeglichenheit durch gleichmäßige, „nivellierte" Produktion vermeiden! Im Rahmen der japanischen Verlustphilosophie werden die drei Mu als Schwerpukt des Verlustpotenzials und der Verschwendung identifiziert

Die Frage nach den drei Mu's muss deshalb gemäß dem 6 W-Hinterfrageschema von KAIZEN immer von neuem gestellt und gewissenhaft beantwortet werden!

4.5 Führungskultur

Mehr denn je wird der Wettbewerb durch eine Führungskultur entschieden werden, die eine Leistungsmotivation der Mitarbeiter auf allen Ebenen erreicht. Es geht bei der **Leistungsmotivation** um den persönlichen Beitrag, den jeder Mitarbeiter zur Wertschöpfung und Wertsteigerung der Erzeugnisse und Dienste seines Unternehmens für den Kunden leisten kann und möchte.

FÜHRUNG zielt im Gegensatz zu LEITUNG auf innere Entwicklung der Mitarbeiter zum Unternehmen, zur Arbeit, zu Kollegen und Kunden. Führung heißt zwischenmenschliche Beziehungen durch Achtung, Loyalität und Vertrauen positiv zu gestalten. Autoritäre Leitung mit Druck und Härte sind unproduktive Verhaltensweisen, die die Mitarbeiter vom vollen Einsatz ihrer Fähigkeiten abhalten.

Der Geist des japanischen Lean Management ist auf **Wertschätzung und Vertrauen** zu den Arbeitnehmern gegründet. Es gelingt dem japanischen Management aus ihrem Unternehmen eine **SINN-Gemeinschaft** zu machen, die einem **Leitbild** mit immateriellen Werten folgt. Westliche Unternehmen sind hingegen vielfach **ZWECK-Gemeinschaften**, in denen sich die Mitarbeiter nur als Mittel zum Zweck des Erreichens von Unternehmenszielen fühlen, weil das Vertrauen zwischen Management und Mitarbeitern fehlt.

Was LPM in Japan so erfolgreich macht ist der Geist, der dahinter steht, der auf die inneren Werte der Mitarbeiter setzt! Diese Werte entwickeln sich nur bei einer **Führungsethik** mit ausgeprägter **Sozialkompetenz.** Ohne eine **Bewußtseinsänderung** der Manager zu einer **ganzheitlichen, Sinnorientierten Mitarbeiterführung** gibt es keine Vollwertleistung im Unternehmen.

Positive Entwicklung einer **„Vollwert-Leistung“** durch:

- Konzentration auf Systeme und Prozesse, nicht Ergebnisse
- Homogene, offene Willensbildung auf allen Ebenen
- Spontane Information und Koordination vertikal und horizontal
- Individuelle Initiativen und Selbststeuerung der Mitarbeiter

Zu vermeidende Folgen von **Managementfehlern:**

- Kein Vertrauen, Gleichgültigkeit
- Meinungsdruck auf Andersdenkende
- „Schweigespirale“
- Absicherungsverhalten, Rechtfertigung, Dienst nach Vorschrift

Damit soll erklärt werden, was die Japaner unter **ganzheitlichem Management und Führen** verstehen. Dies lässt sich nur verwirklichen, wenn zwischen Management und Mitarbeitern **volles Vertrauen** herrscht!

4.6 Umsetzung und Kennzahlen

In immer mehr Unternehmen wird das Konzept der Schlanken Produktion als Grundhaltung und als ein permanent umzusetzender Prozess verstanden. Nach diesem Prinzip werden heute auch Weltklasseproduktionen aufgebaut.

In den meisten Fällen erweist sich aber Lean Production Management LPM als eine über die Produktion hinaus reichende Angelegenheit, die das Topmanagement, den Betriebsrat, die Lieferanten, die Administration und die Berater mit einbezieht. So sollen auch die Vorzüge einer Anbindung der Lieferanten an ein LPM-System erkannt und gemeinsam umgesetzt werden.

Hauptfaktoren, die zur erfolgreichen Umsetzung von Lean Production Management beitragen sind qualifizierte Mitarbeiter, Informationsfluss innerhalb des Unternehmens, umfassendes Qualitätsmanagement und Teamarbeit auf allen Ebenen.

4.6.1 Kennzahlen

Eine der wichtigsten Voraussetzungen für den Wandel zu einer Schlanken Produktion ist ein **Lean Production Controlling** mit Kennzahlen. Diese Kennzahlen beginnen in der Regel mit den klassischen Produktionskennzahlen wie Kosten Produktivität, Losgrößen, Bestandshöhe usw.

Wertschöpfungskennzahlen Lean Management

A. $$\text{Tätigkeitsnutzungsgrad} = \frac{\text{Wertschöpfende Tätigkeit}}{\text{Gesamtarbeitszeit}}$$

B. $$\text{Anlagennutzungsgrad} = \frac{\text{Fertigungszeit für Wertschöpfung}}{\text{Gesamte verfügbare Anlagenzeit}}$$

C. $$\text{Zeitnutzungsgrad} = \frac{\text{Wertschöpfende Bearbeitungszeit}}{\text{Gesamtdurchlaufzeit}}$$

D. $$\text{Flächennutzungsgrad} = \frac{\text{Fläche für wertschöpfende Tätigkeiten}}{\text{Gesamtfläche}}$$

E. $$\text{Transportnutzungsgrad} = \frac{\text{Transportweg (-zeit) für Wertschöpfung}}{\text{Gesamttransportweg (-zeit)}}$$

$$\text{Gesamtnutzungsgrad} = \frac{A + B + C + D + E}{5} .100\%$$

Bild 4-11: Wertschöpfungskennzahlen

Diese müssen jedoch durch weitere, spezifische **Lean Production Kennzahlen** ergänzt werden wie:

- Rüstzeiten
- TPM-Status und 5 S-Status
- Zykluszeiten, Durchlaufzeiten

- Wertschöpfungsanteil
- Verschwendung
- Kapazitätsauslastung
- Anlagenverfügbarkeit
- Verbesserungen
- Fehlerrate.

Der Einsatz von ausgesprochenen Lean Production-Kennzahlen ist in der Praxis noch nicht genügend ausgeprägt und daher verbesserungswürdig!

Auch fehlt es hier noch an einer entsprechenden wissenschaftlichen Themenbearbeitung ausgelöst durch Forschungsaufträge der Wirtschaft!

4.6.2 Lean Company

Es gibt verschiedene Erklärungsansätze für ein durchgehend schlankes Unternehmen - eine sogenannte „Lean Company“.

Spitzenqualität von Produkt und Service zu marktgerechten Preisen ist ein besonders wichtiger Ansatz aus der Sicht der Kunden, die von schlanken Unternehmen profitieren wollen.

Der Konkurrenzdruck durch Marktführer, die bereits einen hohen Schlankheitsgrad erreicht haben, spielt hier ebenfalls eine nicht unerhebliche Rolle. Die Aussage des Vorstandsvorsitzenden des VW-Konzerns, man werde Toyota in fünf Jahren überholt haben, mag hierfür als Beispiel gelten.

Bilder 4-12 und 4-13 zeigen noch einmal zusammenfassend die Grundelemente und Voraussetzungen eines Lean Management Konzeptes, das bei einer kontinuierlichen Verwirklichung, zu einer **Lean Company,** zu einem schlanken Unternehmen führt.

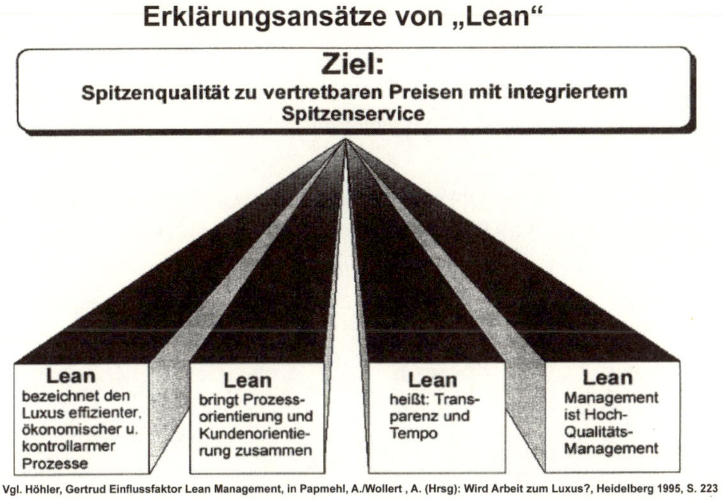

Bild 4-12: Erklärungsansätze für ein „Lean Company-Konzept“

Immer häufiger erreicht die Schlankheitswelle unter dem Druck von Kunden und Kosten auch Administrationen und Behörden und macht damit die ganze Gesellschaft beweglicher und effizienter!

Mit schlanken Unternehmen verhält es sich wie mit Spitzensportlern. Sie arbeiten effektiv, reagieren schnell und bringen Spitzenleistungen!

Damit soll in diesem Zusammenhang auch die irrige Meinung ausgeräumt werden, dass schlank etwa schwach und dünn bedeuten würde. Der Vergleich mit Spitzensportlern weist darauf hin, dass fit, drahtig, zäh und frei von unnötigem, belastendem Fett damit gemeint ist! Ein sportlicher Ansatz sollte auch darauf hindeuten, dass Leistung durchaus auch Freude macht!

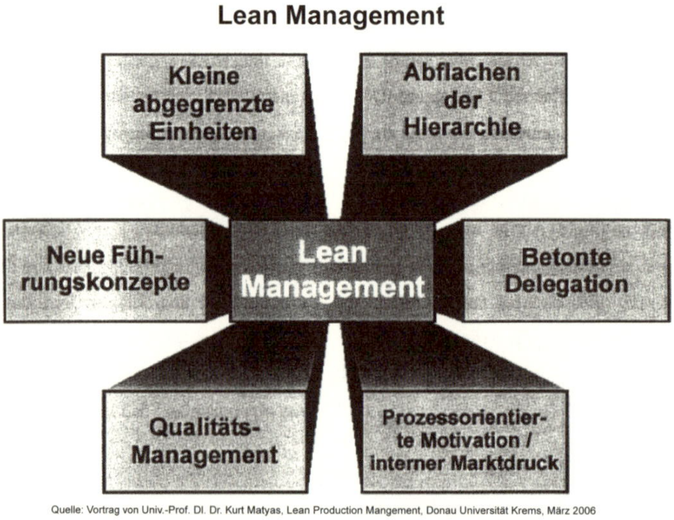

Bild 4-13: Grundelemente von Lean Management und Lean Company

Viele bedeutende Unternehmen leben vor, dass Lean Management funktioniert und unglaubliche Wirkung auf Wirtschaftlichkeit und Kundenorientierung im Unternehmen haben. Mit Lean Management können Kosten erheblich reduziert und der wirtschaftliche Ressourceneinsatz nachhaltig verbessert werden. - bei gleichzeitiger Erhöhung von Qualität und Kundenzufriedenheit.

Lean Management ist somit die konsequente Ausrichtung auf den Kunden durch Reduzierung und Konzentration auf das, was für den Kunden einen Wert darstellt!

Die Führungskräften des Unternehmens übernehmen dabei die wichtige Rolle, das maximale Potenzial aus den Gruppen und Teams herauszuholen. Eine Führungskraft versucht, die Gruppe in ein optimales, schlankes Arbeitsumfeld zu versetzen, damit diese optimale Ergebnisse erarbeiten kann.

It’s the little thing that make the big things possible.

5 TPM – Total Productive Maintenance

5.1 Definition und Kennzeichen

Total Productive Maintenance stellt ein Konzept zur optimalen Nutzung der Produktionsanlagen auf der Basis von vorbeugender Ausfallvermeidung und ständiger Verbesserung der Anlagenverfügbarkeit dar. Dieser Ansatz zielt darauf ab, dem Maschinenbediener nicht nur die Ausführung der Routineinstandhaltung, sondern auch die Verantwortung für den einwandfreien Zustand der gesamten Produktionsanlage zu übertragen.

Dadurch wird dieser zum Experten für Bedienung, Instandhaltung und Fertigung, also für den jeweils gesamten Produktionsprozess.

TPM kann somit kurz als *„Produktive, autonome Instandhaltung“* [2] bezeichnet werden. Das TPM-Konzept wurde entwickelt, um eine **hundertprozentige Verfügbarkeit der Maschinen** zu erreichen. Im Gegensatz zur klassischen Instandhaltung, die als Hilfsbetrieb oder als Servicefunktion der Produktion verstanden wird, verfolgt TPM eine viel weitergehende Zielsetzung, da **alle Mitarbeiter in den Verbesserungsprozess miteinbezogen** werden.

Das Ziel von TPM ist die **Maximierung der Anlageneffizienz**, die durch die Etablierung eines **durchgehenden Systems der produktiven Instandhaltung** über die gesamte Lebensdauer der Anlage erreicht werden soll.

Verschiedene Bereiche wie Ingenieurwesen, Anlagenbetreiber oder Instandhaltung sind an den TPM-Aktivitäten beteiligt, wobei jeder Beschäftigte vom Top-Manager bis zum Mitarbeiter im Werk mit eingeschlossen ist.

Durch Kleingruppen-Aktivitäten und durch die Verantwortung für ihre Maschine wird einerseits die Motivation der Mitarbeiter erhöht, und andererseits führt die erhöhte Aufmerksamkeit für die Anlage zu einer Verringerung der Störungen in den Prozessabläufen. Bei der modernen Aufarbeitung der Thematik hat sich **K. Matyas** [2] besondere Verdienste erworben.

5.1.1 Kennzeichen von TPM

Die autonome Ausführung der Instandhaltungsaktivitäten im Werk wird von der Managementseite oft als *„Nur die Mitarbeiter sind zuständig“* missverstanden. Um wirklich effektiv zu sein, muss **TPM durch alle Ebenen** und **Abteilungen** hindurch praktiziert werden. Vom Japan Institute of Plant Maintenance werden die Ziele von TPM mit der „Maximierung der Effizienz der Ausstattung unter Einbeziehung der umfassenden vorbeugenden Instandhaltung“ bezeichnet. Durch Gruppenarbeit und freiwilliges Engagement werden die Mitarbeiter zur Instandhaltung motiviert.

Total Productive Maintenance vereinigt folgende drei Maßnahmen (siehe auch Bild 5-1):

1. **Totale Anlageneffizienz** (*Total Effectiveness)* zeigt das Streben von TPM nach wirtschaftlicher Effizienz oder Gewinn. Mit der Bezeichnung total ist hier die Maximierung der Anlageneffizienz gemeint.
2. **Totale Anlagenerhaltung** (*Total Maintenance System)* beinhaltet die Vorbeugung bei der Instandhaltung, Verbesserung der Instandhaltbarkeit sowie die zustandsabhängige Instandhaltung. TPM etabliert ein durchgehendes System der produktiven Instandhaltung für die gesamte Lebensdauer der Anlage. Ein weiteres Ziel der totalen Anlagenerhaltung ist die Prävention bzw. Vermeidung der Instandhaltung z. B. durch den Einsatz von Lebensdauerschmierung oder hydraulischer Ventilnachstellung statt manueller Einstellung.
3. **Totale Mitarbeiterbeteiligung und -identifikation** (*Total Participation of all employees):* TPM wird in den verschiedenen Abteilungen des Unternehmens (Technische Planung, Anlagenbetreiber, Instandhaltung) eingeführt und bezieht jede(n) Mitarbeiter(in) vom Top-Management bis zum(r) Arbeiter(in) im Werk ein.

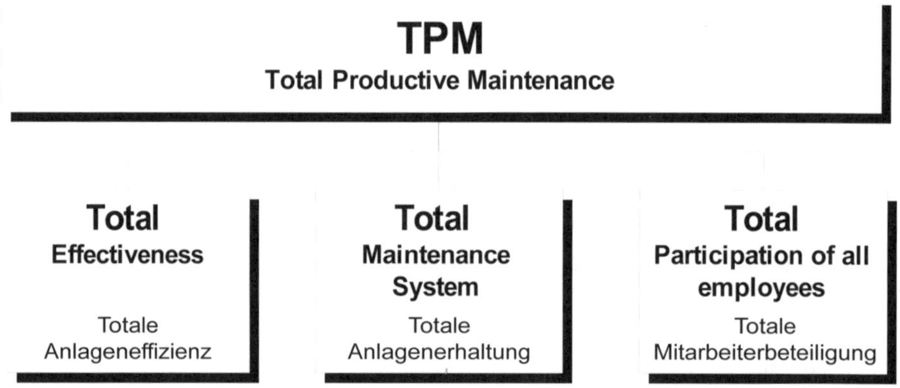

Bild 5-1: Der Begriff „Total“ bei TPM [4]

5.1.2 Autonome Instandhaltung

Der größte Unterschied von TPM zu anderen Instandhaltungsphilosophien ist die autonome Instandhaltung durch Maschinenarbeiter in Form von Kleingruppenaktivitäten. In der amerikanischen Art der Instandhaltung (klassische, vorbeugende Instandhaltung) ist die Instandhaltungsabteilung für die Durchführung der Instandhaltung verantwortlich, wogegen TPM mit der Einbeziehung der Mitarbeiter in Problemlösungsprozesse die japanische Art der Instandhaltung darstellt.

Das heißt allerdings nicht, dass es bei TPM keine zentralen Instandhaltungsabteilungen bzw. zentralen Instandhaltungsaktivitäten mehr gibt. Lediglich die alte organisatorische Trennlinie zwischen Maschinenarbeiter und Instandhaltungsarbeiter existiert nicht mehr, sondern es entsteht ein gemeinsamer Aufgabenbereich.

5.1.3 Aufgaben der zentralen Instandhaltung

Die Instandhaltungsabteilung wird durch die Einführung von TPM nicht überflüssig. Sie gewinnt sogar noch an Bedeutung, da von ihr aus weiterhin das gesamte Instandhaltungsmanagement unter Einbeziehung eventueller Wartungsverträge durchgeführt wird (Bild 5-2).

Routinearbeiten, wie Reinigen, Einstellen, Schmieren und Inbetriebnehmen gehen in den Verantwortungsbereich des Maschinenarbeiters über. Auch Inspektionsaufgaben und einfache Instandsetzungen können, wie in Bild 5-2 gezeigt wird, in den Aufgabenbereich des Maschinenarbeiters übergehen.

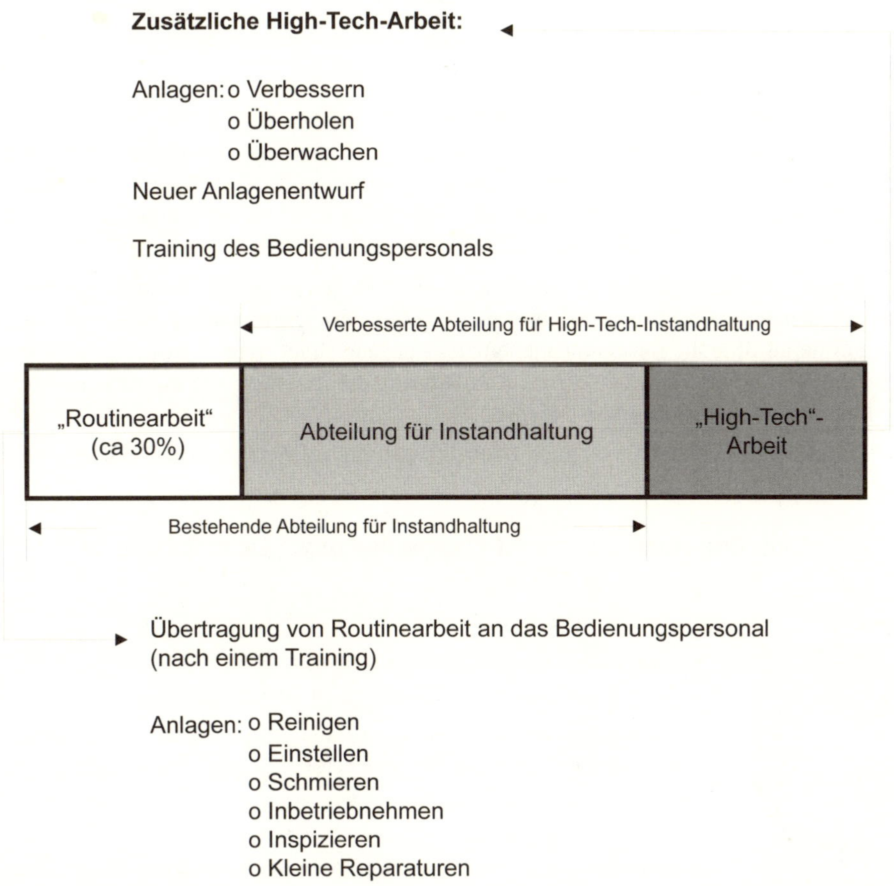

Bild 5-2: Aufgaben für die zentrale Instandhaltung

Die dadurch entlasteten Mitarbeiter der zentralen Instandhaltung können in Zukunft mehr Zeit in High-Tech-Aktivitäten, wie z. B. das Überprüfen und Verbessern der Betriebsanlagen investieren. Auch die Schulung der Maschinenarbeiter und die Assistenz bei der Projektierung neuer Betriebsanlagen gehört zu den zukünftigen High-Tech-Aktivitäten der Instandhaltungsabteilung.

Nur durch eine Kooperation zwischen der Instandhaltungsabteilung und der autonomen Bedienerinstandhaltung kann der Weg in Richtung einer hundertprozentigen Anlagenverfügbarkeit erfolgreich beschritten werden.

5.2 Erhöhung der Gesamtanlageneffizienz

Die drei Eckpfeiler von TPM sind:

- Einhaltung normaler Betriebsbedingungen
- Möglichst frühes Aufdecken normwidriger Bedingungen
- Entwicklung und Durchführung von Gegenmaßnahmen zur Wiederherstellung normaler Betriebsbedingungen.

TPM strebt die Maximierung der Gesamteffizienz der Anlagen an. Um eine Maximierung des Outputs (Produktion, Qualität, Kosten, Lieferungen, Sicherheit, Gesundheit, Umwelt und Arbeitsmoral) und eine Minimierung des Inputs (Arbeitskraft, Maschinen und Material) zu erreichen, beschäftigt sich TPM mit der Beseitigung der *sechs großen Verlustquellen*, die extreme Hindernisse für die Anlagenverfügbarkeit bedeuten (Tabelle 5-1).

Bei TPM werden im Gegensatz zu herkömmlichen Instandhaltungssystemen, wo leistungsfähige *Kennzahlensysteme* propagiert werden, **lediglich drei Kennzahlen** zwingend vorgegeben, mit deren Hilfe die Gesamtanlageneffizienz ausgerechnet werden kann. Es handelt sich dabei um **Verfügbarkeits-, Leistungs- und Qualitätskennzahlen**, die messen, wie sich die sechs großen Verluste auswirken (Tabelle 5-1).

Die Gesamtanlageneffizienz wird auch **Overall Equipment Effectiveness O.E.E** genannt. Sie ergibt sich aus dem Produkt von

VERFÜGBARKEITSRATE * LEISTUNGSINDEX * QUALITÄTSRATE

Tabelle 5-1: Die sechs großen Verlustquellen bei maschinellen Anlagen

Verlustzeiten	1. Anlagen-/Maschinenausfall durch Störungen
	2. Rüsten und Einstellen - z. B. Werkzeugwechsel, Formenwechsel in Pressen etc.
Geschwindigkeitsverluste	1. Leerlauf und geringfügige Unterbrechungen durch fehlerhafte Arbeitsweise von Sensoren, Blockierung von Werkstücken auf Zuführschächten etc.
	2. Verringerte Bearbeitungsgeschwindigkeit durch Unterschiede zwischen vorgesehener und tatsächlicher Geschwindigkeit der Anlagen
Fehler	1. Prozessfehler verursachen Ausschuss, Nacharbeit und Qualitätsminderung
	2. Reduzierte Ausbringung durch Anlaufverluste während des Produktionsanlaufs bis zum stabilen Prozess

Viele Unternehmen besitzen eine Gesamtanlageneffizienz von unter 60 %. Die idealen Bedingungen wären eine Verfügbarkeitsrate von über 90 %, ein Leistungsindex von über 95 % und eine Qualitätsrate von über 99 %. Somit sollte die Gesamtanlageneffizienz über 85 % liegen, was von allen Unternehmen, die einen der TPM Awards gewonnen haben, erreicht wurde.

Das internationale TPM-Institut hat einen Leitfaden zur Verbesserung der Gesamtanlageneffizienz herausgegeben (siehe Tab. 5-2).

Tabelle 5-2: Verbesserung der Gesamtanlageneffizienz

Leitfaden für die Verbesserung der **Gesamtanlageneffizienz**	
Verfügbarkeit	**Verringerung der Rüstzeiten** ▪ Beseitigung und Verkürzung von Rüstvorgängen ▪ Automatisieren von Konfigurationsänderungen ▪ Verringern der Kalibrierzeit ▪ Limitieren der Testläufe **Beseitigung von Versagen** ▪ Anlagenverbesserungen durchführen ▪ Verbesserung der vorbeugenden Instandhaltung ▪ Einführung autonomer Wartung
Leistungsindex	**Verringerung der Leerläufe und Kurzausfälle** ▪ Verbesserung des Materialflusses ▪ Beseitigung des Verlustes durch Fehlbedienung ▪ Beseitigung von Störungen der Materialzufuhr ▪ Einführung der autonomen Inspektion ▪ Einführung einer Reinigungs- und Schmierprozedur **Beseitigung der Verluste der Anlagengeschwindigkeit** ▪ Austausch abgenutzter Teile ▪ Auswuchten aller rotierender Teile ▪ Verbesserung der Schmierung **Einführung einer vorausschauenden Instandhaltung**
Qualitätsrate	**Beseitigung von Ausschuss und Nacharbeit** ▪ Einführung einer SPC (Statistische Prozesssteuerung) ▪ Verbesserung der Anlageneinstellung ▪ Einführung einer Anlagenüberwachung ▪ Festlegung einer Prozedur zum Werkzeugwechsel ▪ Einführung der autonomen Inspektion ▪ Anlagenverbesserung **Verbesserung der Produktqualität** ▪ Sicherstellung der Anlagengenauigkeit

Tabelle 5-3: TPM-Kennzahlensystem

Prozesszeiten	Verlustbringer	Berechnung
Anlagenhauptzeit		Schichtzeit: 480 min geplanter Stillstand: 20 min Anlagenhauptzeit = Schichtzeit - geplanter Stillstand = 480 -20 = 460 [min]
Betriebszeit	Verlustzeiten: Anlagen/Maschinenausfall Rüsten und Einstellen	ungeplante Stillstände: 30 min Verfügbarkeitsrate = x 100 = x 100 = **93,5 %**
Netto-Betriebszeit	Geschwindigkeitsverluste: Leerlauf und geringfügige Unterbrechungen Verringerte Bearbeitungsgeschwindigkeit	Leistungsindex = x 100 = x 100 = **84,2 %**
Wertschöpfende Betriebszeit	Fehler: Prozessfehler - verursachen Ausschuss, Nacharbeit und Qualitätsminderung Anlaufverluste	Qualitätsrate = x 100 = x 100 = **96,8 %**
Gesamtanlageneffizienz = *Verfügbarkeitsrate x Leistungsindex x Qualitätsrate* = 0,935 x 0,842 x 0,968 x 100 = **76,2 %**		

5.3 Organisation von TPM

5.3.1 Ziele vermitteln

Ein effektiver Weg, die Motivation und den Einsatz der Mitarbeiter zu fördern, ist es, der Belegschaft konkrete Ziele zu vermitteln. Ziele müssen immer in Zahlen ausdrückbar sein. Die Sprache der Verbesserung ist die Sprache der Zahlen, zum Beispiel: „Mit dieser Verbesserung werden die Kosten um 5 % reduziert".

WAS MESSBAR IST, WIRD AUCH VERBESSERT!

Beispiele für Ziele:

Topmanagement

- Reduktion der Gesamtkosten um 5 %
- Reduktion der Produktionskosten um 7 %
- Erhöhung der Wertschöpfung pro Person um 5 %
- Reduktion des Lagers um 10 %
- Reduktion der Anzahl der Kundenreklamationen auf 10 ppm

Mittleres Management

- Erhöhung der Arbeitsproduktivität um 5 %
- Erhöhung der Gesamtanlageneffizienz von 65 % auf 85 %
- Erhöhung der Ausbringung pro Stunde auf 10.000 Stück
- Erhöhung der Anzahl der Verbesserungsvorschläge von 7 auf 30 pro MA
- Reduktion der Unfälle auf Null

Das Management muss eine Umgebung schaffen, in der Änderungen akzeptiert werden und in der ständige Verbesserungen stattfinden.

5.3.2 Anforderungen erfüllen

Die grundlegenden Entwicklungsaktivitäten eines TPM-Systems bauen auf folgenden Minimalanforderungen auf, die vom **Japan Institute of Plant Maintenance JIPM** vorgeschlagen werden [4]:

1. Verbesserung der Anlageneffizienz durch die Beseitigung der sechs großen Verluste.
2. Programm zur autonomen Durchführung der Instandhaltung.
3. Geplante Aktivitäten für die Instandhaltungsabteilung.
4. Schulung und Training für das Instandhaltungspersonal.
5. Anlagenmanagementprogramm von Beginn an.

Dieser Entwicklungsplan basiert auf dem **„5 S-Programm“**, wobei die 5 S für die in Bild 5-3 angeführten japanischen Begriffe SEIRI, SEITON, SEISO, SEIKETSU und SHITSUKE stehen:

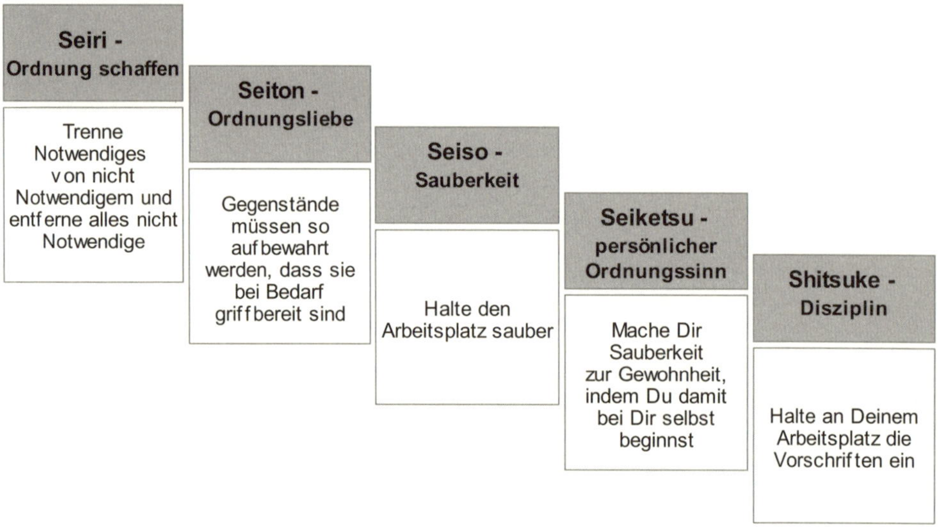

Bild 5-3: Das 5 S-Programm im TPM [8]

5.3.3 Der Weg zur produktiven, autonomen Instandhaltung

Die Nutzung von Mitarbeiterpotenzialen zur kontinuierlichen Unternehmensoptimierung und -entwicklung ist ebenso wie bei der Lean Production ein Kernbereich der TPM-Philosophie.

Das **JIPM** schlägt die **Sieben-Schritte-Methode zur Einführung der selbstständigen Bedienerinstandhaltung** vor. Diese Methode soll sicherstellen, dass jedes der oben erwähnten 5 S berücksichtigt wird.

Diese sieben Schritte betreffen in erster Linie die Maschinenarbeiter, da sie diese Schritte durchführen müssen, aber auch die Anlagen, da diese dabei verbessert werden. Eine erfolgreiche TPM-Einführung ist nur möglich, wenn jeder der sieben Schritte durchlaufen wird. Gerade die ersten drei Schritte sind oft sehr mühsam zu erreichen, bringen aber schon einen messbaren Erfolg.

1. Schritt: Grundreinigung

Der **1. Schritt** beinhaltet die Beseitigung von Staub und Verunreinigungen hauptsächlich an den Hauptteilen der Anlagen, das Festziehen von Schrauben und Muttern sowie die Entdeckung und Beseitigung von Problemen.

Wichtig dabei ist, dass mit den richtigen Maschinen begonnen wird. Die anfängliche Reinigung einer ohnehin schon sauberen Maschine wird nicht den erwarteten Erfolg bringen und somit auch die Begeisterung und den Einsatz der Mitarbeiter weniger fördern, als messbare Erfolge schon im ersten der sieben Schritte.

Beim ersten Schritt und auch in weiterer Folge gilt:

REINIGUNG = INSPEKTION

Bei der Reinigung treten Schwachstellen ans Tageslicht, die bei einer verschmutzten Maschine unentdeckt geblieben wären. Zum Beispiel bedeutet Ölaustritt Druckverlust und somit baldigen Stillstand der Maschine. Mit der anfänglichen Grundreinigung soll ein Zustand erreicht werden, bei dem jedes Problem sofort sichtbar wird.

Die bei der Reinigung gefundenen Schwachstellen und Fehler müssen gekennzeichnet werden, um sie beheben zu können.

Die Kennzeichnung sollte in Form von Anhängern erfolgen, die direkt an der Problemstelle angebracht werden.

Es sollten zumindest drei verschiede Farben unterschieden werden:

- Für Tätigkeiten, die vom Instandhaltungspersonal durchgeführt werden müssen.
- Für Tätigkeiten, die vom Bedienungspersonal durchgeführt werden müssen.
- Für Tätigkeiten in schwer erreichbaren Bereichen oder zum Aufzeigen eines Sicherheitsrisikos.

An den Farben wird auch erkannt, wie viel Prozent der Instandhaltungs- und Fehlerbehebungstätigkeiten vom Bedienungspersonal und wie viel vom Instandhaltungspersonal erledigt wird.

Das Ziel der autonomen Instandhaltung ist es, dass möglichst viele Anhänger dem Typ 2 entsprechen.

Motto für den 1. Schritt

Kleine Probleme erkennen und beheben, bevor daraus große Probleme werden.

2. Schritt: Gegenmaßnahmen bei den Quellen der Probleme

Im 2. Schritt werden Ursachen der Verunreinigungen erforscht, schwer zu reinigende Teile verbessert und eine Reduzierung der für Reinigung und Schmierung erforderlichen Zeit angestrebt. Außerdem werden in diesem Schritt Maßnahmen angestrebt, die zukünftige Verschmutzungen verhindern oder reduzieren sollen. Beispiele dafür sind die Anbringung von Abdeckungen und Abschirmungen.

Überprüfung der Verschmutzungsursachen.

Beseitigung von Verschmutzungsquellen.

Überprüfung und Verbesserung des Kühl-/Schmierstoffkreislaufs.

Verbesserung schwer zu reinigender Anlagenteile.

Erarbeitung vorläufiger Reinigungsstandards.

Erarbeitung vorläufiger Reinigungsintervalle.

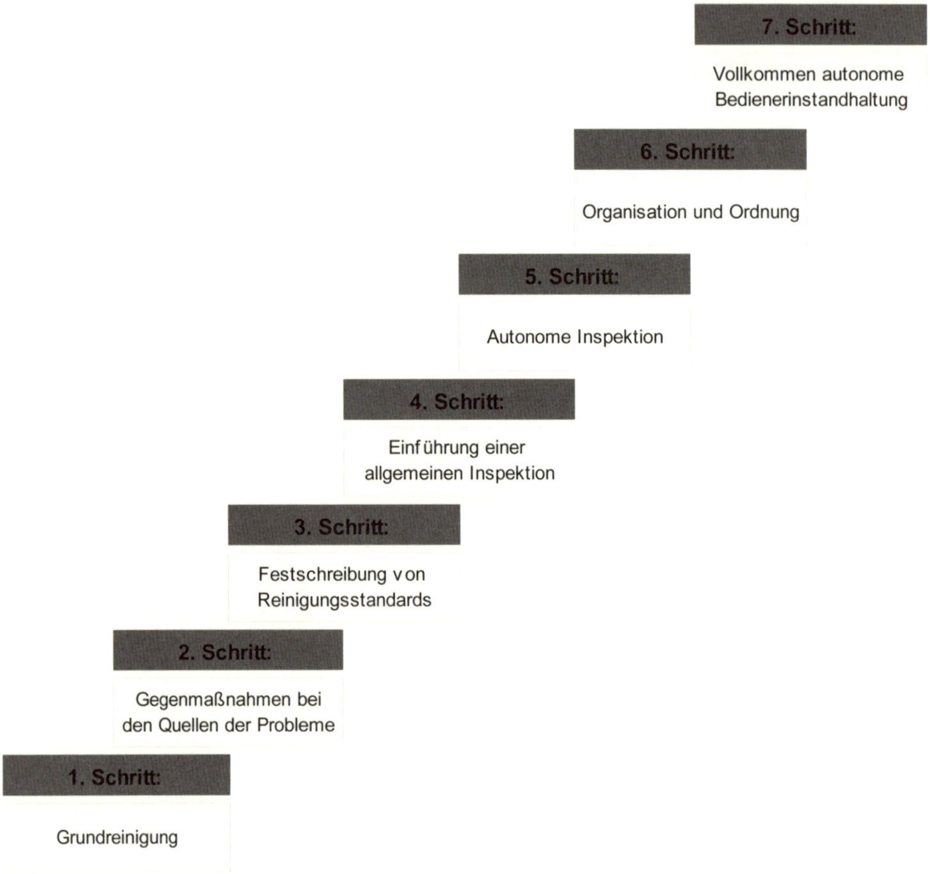

Bild 5-4: Die Einführung von TPM in sieben Schritten [8]

Motto für den 2. Schritt

Eine Anlage gar nicht erst verschmutzen zu lassen ist besser als sie zu reinigen. ■

3. Schritt: Festschreibung von Reinigungs- und Schmierstandards

Nachdem die Maschinenarbeiter in den Schritten 1 und 2 den grundlegenden Zustand der Anlagen erkennen, sind im 3. Schritt Standards für Basisinstandhaltungsarbeiten (z.B. Reinigungs- und Schmierungsstandards) mit täglichen und periodischen Aufgaben festzulegen.

Wichtig für die Erstellung der Standards ist, dass sie von jenen Mitarbeitern mitgestaltet werden, die später danach arbeiten müssen.

Besonderen Wert sollte bei diesem Schritt auf Schmierungsstandards gelegt werden, da ein großer Prozentsatz der Maschinenausfälle durch mangelhafte Schmierung verursacht werden.

- Herausfinden kritischer Bereiche wie z.B.:
  - Schwer zu schmieren
  - Ölstand nicht überprüfbar
  - Störungen im Schmiermittelkreislauf
  - Anlage wird während des Schmiervorgangs ölig
- Überprüfen der Verbesserungsmaßnahmen
- Schmierungstest
- Periodische Inspektion
- Entwurf eines provisorischen Reinigungs- und Schmierungsstandards
- Arbeit nach diesen Standards und Bewertung der Ergebnisse
- Festschreibung der neuen Standards

Motto für den 3. Schritt

Reinigungs- und Schmierstandards sollen kein bürokratisches System sein, sondern sollen durch optimale Abläufe den nötigen Freiraum für die nächsten Schritte schaffen.

4. Schritt: Einführung einer allgemeinen Inspektion

Im 4. Schritt soll der Zustand der gesamten Produktionsanlage durch eine allgemeine Inspektion festgestellt und die Mitarbeiter entsprechend geschult werden. Die Schulung erfolgt anhand des Inspektionshandbuchs und muss gewährleisten, dass die Mitarbeiter die für sie neuen Tätigkeiten der Instandhaltung ausführen können. Da alle Maschinenarbeiter die Fähigkeit entwickeln müssen, Abweichungen zu erkennen und zu korrigieren, wird dieser vierte Schritt relativ viel Zeit in

Anspruch nehmen. Dafür zeigen sich nach diesem Schritt erstmals erstaunliche Resultate, wie zum Beispiel eine Erhöhung der Gesamtanlageneffizienz auf über 80%.

Motto für den 4. Schritt

Maschinenarbeiter verstehen ihre Maschinen.

5. Schritt: Autonome Inspektion

Im 5. Schritt werden Prüfformulare für die selbstständige Inspektion entwickelt und eingesetzt. Dafür werden die in den ersten drei Schritten eingeführten vorläufigen Standards für Reinigung, Schmierung und Inspektion überarbeitet und um die im 4. Schritt gewonnenen Erfahrungen verbessert. Die Ergebnisse werden mit der Instandhaltungsabteilung abgesprochen, um Verantwortlichkeiten festzulegen.

Prüfformular für autonome Inspektion

Ort der Durchführung der Maßnahmen.

Zustand, der mit der Maßnahme erreicht werden soll.

Methoden, um den Zustand zu erreichen.

Notwendige Werkzeuge und sonstige Hilfsmittel.

Zeitdauer der Maßnahmen.

Intervalle.

Wer ist verantwortlich?

Motto für den 5. Schritt

Nur ein Plan für tägliche Inspektions- und Schmiermaßnahmen kann ein Schritt in Richtung der Vision einer hundertprozentigen Anlagenverfügbarkeit sein.

6. Schritt: Organisation und Ordnung

Die Schritte 1 bis 5 beschränken sich auf Aktivitäten der Maschinenarbeiter im Zusammenhang mit den Produktionsanlagen. Im 6. Schritt werden die Aktivitäten auf das gesamte Arbeitsumfeld ausgeweitet. Es werden Gesichtspunkte festgelegt, wie der Arbeitsplatz zu führen ist. Die Instandhaltungskontrolle wird systematisiert. In Tabelle 5-4 wird ein Beispiel von Standards der Organisation und Ordnung der autonomen Instandhaltung gezeigt.

Tabelle 5-4: Einführung von Standards der Organisation und Ordnung [6]

Teilschritt	Teilvorgang
Aufgabe der Maschinenarbeiter	Schaffung von Standards Halten an Standards Durchführung von Datenaufzeichnungen
Arbeit	Unterstützung der Arbeitsvorbereitung Visuelle Steuerung von unfertigen Produkten, Fehlern und Verbrauchsgütern
Formen, Vorrichtungen, Werkzeuge	Werkzeuge, Formen und Vorrichtungen sollten leicht auffindbar sein Standards für Präzision und Instandsetzung
Messgeräte	Sicherstellung der Funktionen der Messgeräte Kontrolle und Korrektur von Verschlechterungen Schaffung von Standards für die Inspektion
Präzision der Anlagen	Überprüfung der Präzision der Anlagen da diese die Qualität beeinflusst Standardisierung der Überprüfung

Tabelle 5-4 (Fortsetzung): Einführung von Standards der Organisation und Ordnung [6]

Teilschritt	Teilvorgang
Betrieb und Behandlung von Abweichungen	Überwachung des Betriebes Festlegung von Verfahrensbedingungen Standardisierung von Qualitätsprüfungen Verbesserung der Problemlösungsfähigkeiten

Motto für den 6. Schritt

Institutionalisierung von Standards und visuellen Kontrollen.

7. Schritt: Vollkommen autonome Bedienerinstandhaltung

Der 7. Schritt stellt die Weiterentwicklung der Unternehmensziele und -politik sowie den Start des kontinuierlichen Verbesserungsprozesses dar. Durch die Zusammenarbeit zwischen der Instandhaltungsabteilung und der Produktion sowie der Bildung von Verbesserungsteams wird versucht, die vorhandenen Potenziale optimal zu nutzen.

Motto für den 7. Schritt

Kontinuierliche Verbesserung der Anlagen und der Personalqualifikation.

5.3.4 TPM für neue maschinelle Anlagen

Um die Vorteile der produktiven, autonomen Instandhaltung und die damit verbundene Ausschaltung der sechs großen Verluste auch zu erreichen, ist es notwendig, schon beim Maschinenkauf auf die entsprechende **Zuverlässigkeit** und Prozessfähigkeit zu achten. Bereits beim Maschinenkauf erfolgt die Weichenstellung für eine Maximierung der Gesamtanlageneffizienz. Schon die durch die Konstruktion der Betriebsmittel bedingte Instandhaltbarkeit und Prozesssicherheit tragen wesentlich zur Erhöhung der Verfügbarkeit bei. Bei der Installation von Neuanlagen zeigen sich Probleme oft schon während des Testlaufs, der Inbetriebnahme und des Anlaufbetriebes.

Betriebsanlagenmanagement im Zuge der TPM-Einführung:

- Verbesserung der vorhandenen Betriebsanlagen.
- Halten der verbesserten Betriebsanlagen auf einem hohen Leistungs- und Verfügbarkeitsniveau.
- Beschaffung von neuen Betriebsanlagen.

Die Verbesserung der vorhandenen Betriebsanlagen und das Halten der verbesserten Betriebsanlagen auf einem hohen Leistungs- und Verfügbarkeitsniveau soll das Ergebnis der TPM-Einführung in sieben Schritten auf Seite der Maschinenarbeiter sein. Was in diesen sieben Schritten noch nicht behandelt wurde, ist die Beschaffung neuer Betriebsanlagen.

Tabelle 5-5 gibt die Vorgangsweise für eine TPM-konforme Anlagenbeschaffung mit definierten Hochleistungsspezifikationen und niedrigen Lebenszykluskosten an.

Die Beseitigung der sechs großen Verlustquellen beginnt somit schon vor dem Kauf der Maschinen, wobei die vom Werkzeugmaschinenhersteller garantierte Prozessfähigkeit eine wichtige Kenngröße darstellt.

Tabelle 5-5: Beschaffung einer TPM-konformen Anlage

TPM bei der Anlagenbeschaffung
Entwicklung einer technischen Spezifikation.
Sammlung der Erfahrungen der Maschinenarbeiter mit den bestehenden Anlagen.
Sammlung der Erfahrungen des Instandhaltungspersonals mit den bestehenden Anlagen.
Beseitigen der früheren Probleme (durch einen besseren Entwurf oder durch Spezifikationen, die auf den gesammelten Erfahrungen basieren).
Anlagenentwurf mit neuen Technologien (bessere Leistungsfähigkeit, höhere Sicherheit, besserer Umweltschutz).
Vorsehen von Fehler-Diagnoseverfahren.
Vorsehen von Instandhaltungsmaßnahmen bereits in der Entwurfsphase (nach Möglichkeit wartungsfreie oder wartungsarme Anlagen).
Schulung von Maschinen- und Instandhaltungspersonal.
Abnahme der Anlage, nur wenn die Spezifikationen erfüllt sind (anhand der praktischen Arbeit an den Teilen, um Anlaufverluste zu vermeiden).

5.4 Rüstzeitminimierung

Die Rüstzeitminimierung oder rapid setup ist ein zentraler Bestandteil von Produktionssteigerung, Vermeidung von Verschwendung und Erhöhung der Durchlaufzeiten und wird in japanischen Unternehmen mit Akribie durchgeführt.

Das Umrüsten von Anlagen umfasst gewöhnlich folgende grundlegenden Schritte:

- **Vorbereitung und Nachjustierung, Material- und Werkzeugverwaltung**

  Bei diesem Vorgang wird sichergestellt, dass sich alle Teile und Werkzeuge funktionsgerecht an der richtigen Stelle befinden. Ebenfalls mit berücksichtigt sind Zeiten für anschließende Aufräumarbeiten.

  (Zeitanteil: 30 % der gesamten Rüstzeit)

- **Montage und Demontage von Werkzeugen**

  Bei diesem Vorgang werden Teile und Werkzeuge nach der Bearbeitung entfernt und neue für die Bearbeitung eines weiteren Loses montiert.

  (Zeitanteil 5 %)

- **Zentrieren, Messen und Einstellen**

  Bei diesem Vorgang werden alle für die Produktion des nächsten Loses notwendigen Mess- und Einstllarbeiten, sie z.B. Zentrieren, Durchmesserbestimmung, Druck- und Temperaturmessung durchgeführt.

  (Zeitanteil: 15 %)

- **Probelauf und Justierung**

  Bei diesem Vorgang wird ein Probestück justiert. Je genauer die Messungen und Einstellungen durchgeführt werden, desto leichter sind die Justierarbeiten.

  (Zeitanteil: 50 %)

5.4.1 Single Minute Exchange of Die – SMED

Um bei Toyota die Losgrößen reduzieren zu können, wurde ein System des schnelleren Werkzeugwechsels eingeführt. Als wichtigster Schritt auf dem Weg zu einer Just-in-time Produktion konnten die Rüstzeiten unter Shingeo Shingo innerhalb von nur sechs Monaten auf 90 Minuten und innerhalb weiterer drei Monate auf wenige Minuten reduziert werden!

Ermöglicht wurde dies durch die Anwendung des SMED-Prinzips, nämlich einen Werkzeugwechsel in einer einstelligen Minutendauer durchzuführen!

Lange Rüstzeiten können unter Anwendung des **SMED-Prinzips (Single Minute Exchange of Die)** durchaus auf unter 10 Minuten reduziert und die Produktivität erheblich gesteigert werden.

Die Rüstvorgänge werden dabei zunächst zwischen zwei Typen aufgeteilt:

- **Maschineninternes Rüsten:** Rüstzeiten bei stillstehender Maschine
- **Maschinenexternes Rüsten:** Rüsttätigkeiten, die auch bei laufender Maschine durchgeführt werden können.

Nachdem eine Trennung in internes und externes Rüsten erfolgt ist, werden in einer zweiten Stufe interne in externe Rüstvorgänge umgewandelt:

- Durch Prüfen, ob Teilvorgänge fälschlicherweise intern durchgeführt werden
- durch Suchen nach Wegen, interne in externe Vorgänge umzuwandeln wie Vormontage von Werkzeugen, Standardisierung
- externe Gestaltung von Zentriervorgängen
- Verbesserung von Lagerung und Transport von Werkzeugen, Pressen und Spannvorrichtungen
- Verwendung von Schnellspannverschlüssen sowie Vermeidung von Einstellarbeiten.

Die Bilder 5-5 und 5-6 sollen die Rüstzeitminimierung und das SMED-Prinzip nochmals im Überblick darstellen.

Beim **SMED-Prinzip** - auch **Rapid Setup** genannt - wird eine weitergehende Verlagerung von maschineninternen zu maschinenexternen Rüsten angestrebt.

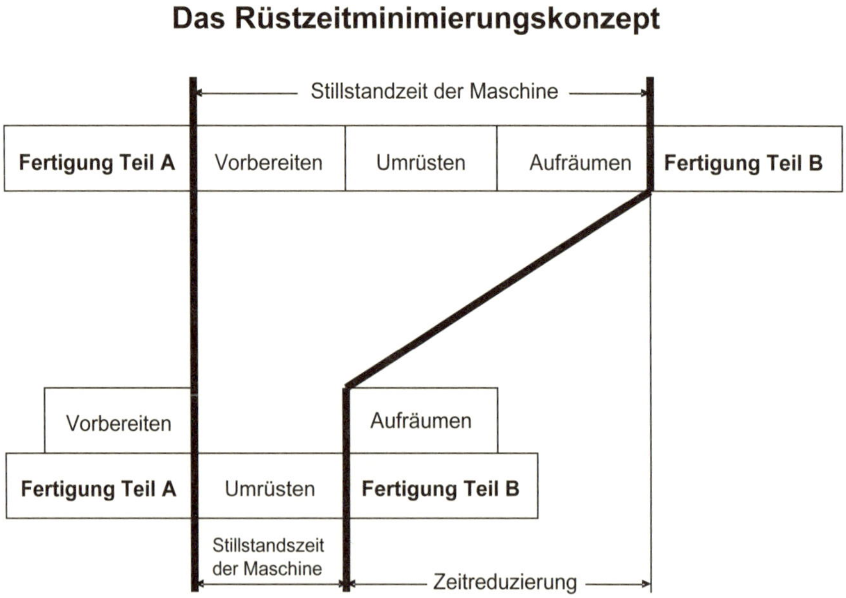

Bild 5-5: Prinzip der Rüstzeitminimierung

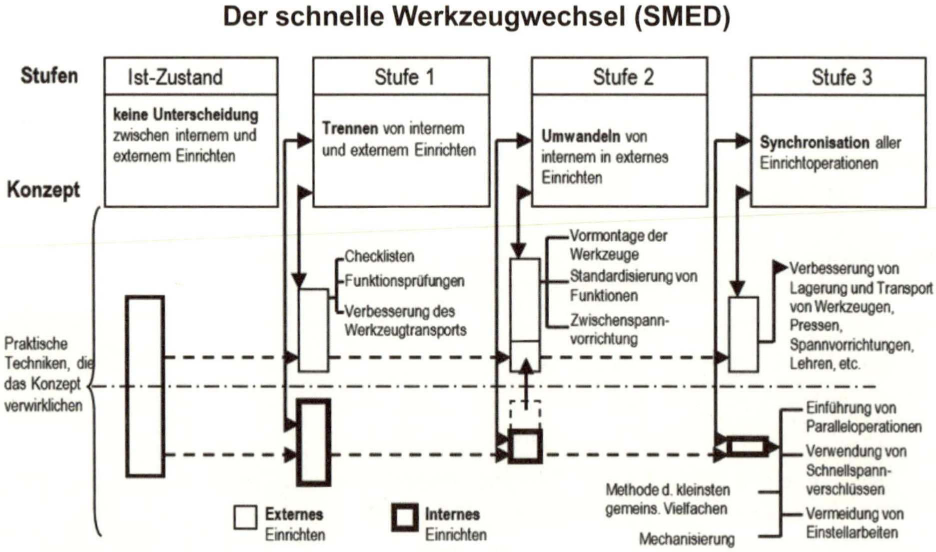

Bild 5-6: Single Minute Exchange of Die SMED

Dies ist das fundamentale Prinzip der Rüstzeitminimierung, wodurch die Rüstvorgänge auf weniger als 5 % ihrer bisher benötigten Zeit reduziert werden können.

5.5 Auswirkungen von TPM

Aus Erfahrungsberichten von Firmen, die den **TPM-Award** erhielten, ging hervor, dass die Anlageneffizienz gesteigert werden konnte, die Produktqualität erhöht wurde, die Unfälle reduziert werden konnten und der Ausbildungsstand der Mitarbeiter verbessert wurde. Die TPM-Philosophie hatte einen positiven Effekt auf die Arbeitsmethoden und den Teamgeist, was wiederum die Konkurrenzfähigkeit des Unternehmens steigerte.

In einem japanischen Unternehmen wurden innerhalb von drei Jahren nach einer gründlichen Reinigung der Fabrik 240.000 Schrauben und Muttern nachgezogen und mit Strichen markiert sowie 9.000 Problempunkte, die erhöhte Aufmerksamkeit erfordern, identifiziert. Der Erfolg war, dass die monatlichen Maschinenausfälle von 1.000 auf 200 zurückgingen und dass der monatliche Ölverbrauch von 16.000 Litern auf 3.000 eingeschränkt wurde.

Die in Tabelle 5-6 dargestellten Auswirkungen von TPM auf die Produktivität, Qualität, Kosten, Lagerung, Sicherheit/Umwelt und Moral stammen von TPM-Preisträgern.

Tabelle 5-6: Auswirkungen von TPM

Produktivität	Verbesserung der Arbeitsproduktivität um 50 % Verbesserung der Betriebsrate um 17 % Reduzierung der Störungen um 98 %
Qualität	Reduzierung der Prozessfehler um 90 % Reduzierung der Defekte um 70 % Reduzierung der Kundenreklamationen um 50 %
Kosten	Reduzierung der Instandhaltungskosten um 30 % Energieeinsparung von 30 %
Lagerung	Bestandsreduzierung um 50 % Erhöhung der Umschlagsgeschwindigkeit um 100 %
Sicherheit/ Umwelt	Keine Unfälle Keine Verschmutzung
Moral	Erhöhung der Anzahl der Verbesserungsvorschläge auf 230 % (von 36 auf 83 pro Person) Verdoppelung der Kleingruppentreffen

5.6 Zusammenfassende Betrachtung von TPM

Das TPM-Konzept ruht im Grunde genommen auf folgenden fünf Säulen:

Die fünf Säulen des TPM

- Beseitigen der Verlustquellen bei Produktionsanlagen
- Autonome Instandhaltung
- Geplantes, prozessbezogenes, zentrales Instandhaltungsprogramm
- Schulung und Training
- Instandhaltungs-Prävention

Total Producive Maintenance kann damit einen herausragenden, meist unterschätzten Beitrag zur Produktionseffizienz leisten und sollte mit großer Sorgfalt eingeführt und betrieben werden.

*Wir müssen eine Umgebung schaffen,
in der sich die Leute bei ihrer Arbeit wohlfühlen.
Statt der Maschinen werden die Menschen selbst
in den Mittelpunkt des Shop Floors gerückt.*

Hiromi Kawashima, Komatsu Ltd.

6 Shop Floor Management – SFM

6.1 Selbstmanagement der Mitarbeiter

Hinter Shop Floor Management SFM verbirgt sich eine neue Sichtweise des Managements, nämlich die, dass eine Firma nur dann erfolgreich bleiben kann, wenn bereits auf der **untersten Hierarchieebene, dem Shop Floor**, **Selbstmanagement** betrieben wird. Im erweiterten Sinne ist damit gemeint, alle Mitarbeiter in die Prozesse der ständigen Leistungsverbesserung einzubeziehen.

Der „Shop Floor" – also die „Werkstätte", die Ebenen, auf welcher **Wertschöpfung** erfolgt – ist innerhalb eines Betriebes der empfindlichste Teil. Dort werden Werte geschaffen, Güter produziert, Dienstleistungen erbracht; kurz, Kunden zufrieden gestellt.

Durch das Wecken der Selbstmanagenden Fähigkeiten der Mitarbeiter können derer **Potenziale ausgeschöpft** werden. Das Shop Floor Personal ist nicht mehr nur ausführendes Organ, sondern gestaltet verantwortungsvoll die Vorgänge mit!

Den Mitarbeitern am Shop Floor kommt demnach eine Schlüsselrolle zu. Um ihre Potenziale auszuschöpfen, müssen ihre **Selbstmanagenden Fähigkeiten** gefördert werden.

Das Selbstmanagement legt die **Verantwortung in die Hände der Mitarbeiter** und ermöglicht so die Nutzung ihrer Fertigkeiten. Unternehmen können von der Freisetzung der Potenziale Hochmotivierter Mitarbeiter, die mit ihrem Betrieb mitwachsen, profitieren.

Da jedes Unternehmen aus einem Netzwerk von gegenseitigen Kunden-Lieferanten-Beziehungen besteht – nach dem bekannten Prinzip: **„Next Operation as Customer" NOAC** – gilt es beim Selbstmanagement das Bewusstsein der **Erfüllung der Kundenwünsche** interner und externer Kunden (Qualität, Zeit, Menge, Kosten) als oberste Priorität zu entwickeln.

Hält sich jeder an dieses Prinzip der Zufriedenstellung der jeweiligen Kundenwünsche, wird das **Kunden/Lieferanten-Verhältnis zum geschlossen Kreislauf** und eine ganze Reihe organisatorischer und hierarchischer Schranken werden obsolet und könnten entfallen.

6.2 Minifirmen innerhalb des Unternehmens

Die in traditionell geführten Unternehmen übliche „Macht einfach was ich sage" - Haltung der Manager schränkt das Wachstums- und Kreativitätspotenzial der Mitarbeiter stark ein.

Moderne Unternehmen bilden ihre Mitarbeiter entsprechend anders aus, um sie in die Lage zu versetzen, gemeinsam mit ihrer Gruppe oder ihrem Team selbstständig und eigenverantwortlich handeln zu können.

Die Manager geben die Ziele vor und sorgen dafür, dass die **Gruppen und Teams alle Informationen** und Ressourcen bekommen, die zur effizienten Durchführung ihrer Aufgaben als Minifirma innerhalb der Firma benötigen.

Auch die Standardarbeitsblätter sollen von jeder Arbeitsgruppe - sprich Minifirma - selbstständig verfasst oder zumindest mit gestaltet werden.

Aufgaben einer Minifirma

1. Ziele gemeinsam mit den Managern definieren
2. Arbeitsaufgaben schriftlich festhalten (Arbeitsblätter)
3. Kunden/Lieferantenverhältnisse zu anderen Gruppen definieren
4. Aktionspläne zum Erreichen der Ziele erstellen
5. Fortschritt und Erfolg laufend dokumentieren
6. Schulung, Feedback und Berichtswesen sicherstellen
7. Qualitätszirkel zur ständigen Verbesserung abhalten

Wichtig sind reibungslos ablaufende Kunden/Lieferanten-Verhältnisse, um den Teile- und Wertschöpfungsfluss kontinuierlich in Gang zu halten!

Taiichi Ohno, der begnadete Produktionschef von Toyota, bezeichnet dies bildlich als **„Fähigkeit der Staffellauf-Stabübergabe",** nämlich Teile oder Arbeitsergebnisse in der richtigen Menge, zur richtigen Zeit in Null-Fehler Qualität an die nachfolgende Arbeitsgruppe (Minifirma) weiterzugeben, als ob es ein **Staffelstab** wäre. Dabei ist eben wie im Sport, gegenseitige Unterstützung und Teamgeist dringend notwendig!

6.3 Glass Wall Management

Das Gegenteil von **Glass Wall Management** ist das traditionelle **Black Box Mgmt**, welches Ziele, Ergebnisse, Risiken vor den Mitarbeitern verbirgt. Es findet kaum ein Austausch relevanter Informationen statt und es herrscht wenig Teamgeist

Minifirmen können jedoch nicht in einer isolierten Umgebung betrieben werden. Es müssen Möglichkeiten gefunden werden, die kreativen Fähigkeiten der Mitarbeiter zur Entfaltung zu bringen und enger miteinander zu verbinden.

Eine Möglichkeit dazu, die **Konosuke Matsushita** vorschlägt, ist das Glass Wall Management, das Management von **Minifirmen mit gläsernen Wänden.** Gläserne Wände weisen auf **Transparenz, offene Kommunikation und Informationsaustausch** hin.

Darunter fallen **grafische Darstellungen** von Prozessdaten auf **Schautafeln**, Ausstellung defekter Reklamationsteile, gruppenspezifische Informationen und Sollabweichungen, egal ob sie gut oder schlecht sind. Wichtig ist, dass jeder die Situation richtig einschätzen kann und den Minifirmen des Shop Floor selbsterklärende Transparenz vermittelt wird.

Die laufend aktualisierten **Minifirma-Schautafeln** fördern Ideen und Vorschläge der Mitarbeiter, die dann auch prämiert und mit Fotos ausgestellt werden sollen.

Um die Schautafeln effektiv zu nutzen, müssen sie übersichtlich sein und sich auf wichtige, **prozessrelevante Informationen** beschränken. Einen guten Ansatz hierzu bieten die QKLSA-Kriterien:

QKLSA Kriterien auf Schautafeln	
Q (Qualität)	Mängel, Nacharbeit, Reklamationen, Stillstände
K (Kosten)	Produktivität, Überstunden, Zusatzausgaben, Plansoll
L (Lieferung)	Produktionsvolumen, Lieferfristen, Plansoll
S (Sicherheit)	Anzahl Unfälle, Anzahl Sicherheitsvorschläge
A (Arbeitsmoral)	Abwesenheit/Verspätungsrate, Anzahl von Vorschlägen

Manche Unternehmen gehen einen Schritt weiter und verwenden elektronische **Produktionskontrolltafeln mit Planzahlen**, die dem aktuellen Produktionsvolumen gegenüber gestellt werden.

Auch die Durchführung der täglichen Wartungscheckliste sollte als wichtiges Kriterium auf der Schautafel sichtbar gemacht werden.

Dieses **visuelle, transparente Management** der Minifirmen im Unternehmen erzieht die Mitarbeiter zum selbstständigen, verantwortungsvollen Handeln quasi als Kleinunternehmen. Sie bekommen damit auch ein sicheres **Gespür für Risiken und Erfolge.**

6.4 Visual Management

Was für die „Minifirmen" gilt, muss erst recht für das ganze Unternehmen gelten, nämlich dass der Informationsvermittlung und **Datentransparenz** hohe Priorität zukommt. Sie bildet die Basis in einer **Lean Company**.

Visual Management spiegelt den Zustand eines Prozesses, einer Abteilung oder eines Unternehmens in Form von **sofort sichtbaren Informationen** über Soll-Zustand und dessen Abweichungen wider.

Die Informationsvermittlung erfolgt unmittelbar aus den Prozessen und muss zu einem **sofortigen Handeln** der verantwortlichen Personen führen.

Da sich aber die Basisdaten der Prozesse auf den Minifirmen-Schautafeln befinden heißt das für die Chefetagen: **Manager täglich auf den Shop Floor!** Das trägt auch zur Kontaktpflege und Motivation der Mitarbeiter bei und stärkt das Gemeinschaftsgefühl.

Wir arbeiten durch tägliche Verbesserung an immer besseren Produkten.

Kiichiro Toyoda, Gründer von Toyota

7 Toyota Produktions-System – TPS

7.1 Grundlage

Das Toyota-Produktionssystem TPS gilt als das bekannteste, ganzheitliche Produktionssystem und als **die beste Methodik zur Optimierung der Produktions- und Arbeitsorganisation.** TPS hat sich im Laufe von Jahrzehnten zu einem ausgeklügelten System entwickelt, das auf verschiedenen Ebenen wirksam ist. Es enthält Führungsgrundsätze, Kanban-System, Gruppenarbeit, Total Productive Maintenance TPM mit der 5 S-Strategie, Schlanke Produktion LPM und alle Elemente von KAIZEN [5].

Der frühere Managing Direktor von Toyota, das Produktionsgenie **Taiichi Ohno** gilt als der Vater von TPS. Er war der Begründer der schlanken und agilen Form der Produktion und Unternehmensführung [7]!

TPS ist im Grunde genommen ein umfassendes Technologie Management Programm mit den Schwerpunkten:

TPS-Schwerpunkte

- Produktentwicklungsprozess
- Produktionsprozess
- Zulieferprozess, Supply Chain
- Mitarbeiterinvolvierung
- Schlanke, lernende Organisation
- Best Practice, Standardisierung, kontinuierliche Verbesserung

Das Zusammenspiel dieser Prozesse und Strategien führen zum Erfolg von TPS, das zu einer langsam gewachsenen Unternehmenskultur geworden ist. Mit seiner Unternehmensführung ist Toyota heute Vorbild für Firmen aus unterschiedlichsten Branchen.

Das Toyota Produktionssystem orientiert sich an der **Nachfrage** und nicht einfach an den Produktionskapazitäten!

Bild 7-1 gibt einen Überblick über das Toyota-Produktionssystem TPS als operatives Managementsystem.

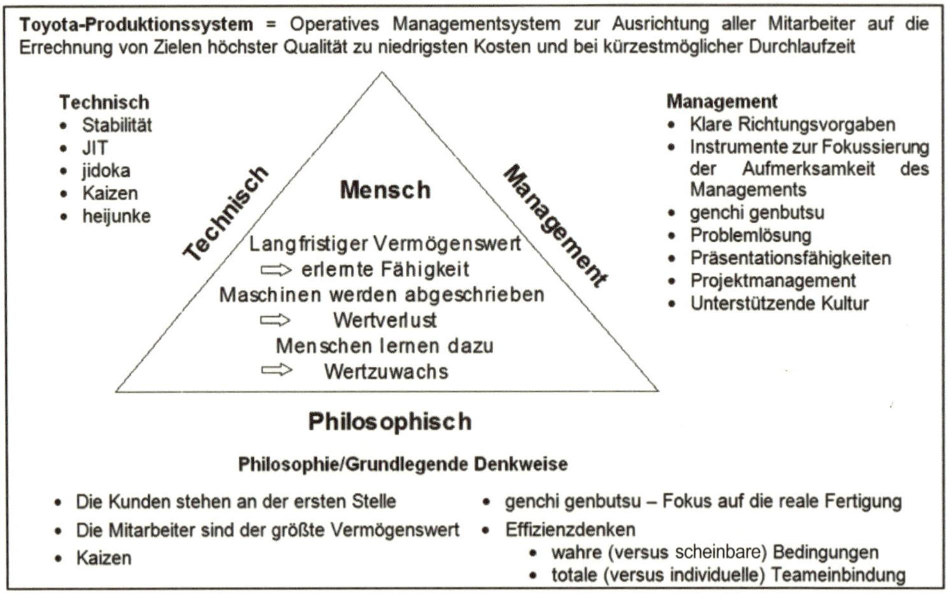

Bild 7.1: Toyota-Produktionssystem TPS als operatives Managementsystem

7.2 Die tragenden Säulen von TPS

Wertschöpfende, schlanke und fließende Prozesse, ohne Unterbrechungen, mittels **One-Piece-Flow-Zellen** und Bedarfsgesteuertem **Pull-System** gelten als Kern des Systems. Die Säulen von TPS sind:

Säulen von TPS

- **KANBAN** - *Just in Time* Lieferungen mit *Pull-System*
- **HEIJUNKA** - Produktionsnivellierung und *Auslastungsglättung*
- **Die 5 S und die 5 W: Seiri** (Ordnung schaffen, Sortieren), **Seiton** (Ordnungsliebe), **Seiso** (Sauberkeit), **Seiketsu** (Ordnungsregeln), **Shitsuke** (Disziplin). Hinzu kommen die 5 W: das fünfmalige **Warum**-Fragen.
- **JIDOKA** - *prozessimmanente Qualität* an jeder Arbeitsstation, d. h. Erkennen und Eliminieren von Fehlern am Ort. Durch **„Andon"**-Signale kann Produktion angehalten werden, bis das Problem gefunden und gelöst ist. Durch **Autonomation** stoppen Maschinen bei Fehlern automatisch.

Säulen von TPS (Fortsetzung)

- **QF – Quickening the Factory:** Das gesamte Werk aktivieren. Alle machen mit!
- **JISHUKEN** - Produktionsbesprechungen
- **KAIZEN** - kontinuierliche Verbesserung in kleinen Schritten
- **LPM** - schlanke **Produktion, Eliminierung von Nicht-Wertschöpfung**
- **One-Piece-Flow-Zellen** - Zellen, um eine Produkt- oder Dienstleistungseinheit nach dem Fließprinzip (Single-Flow) zu erstellen.

Das enge, synchrone Zusammenspiel von Menschen, Maschinen und Arbeitsstationen in einer Zelle, also innerhalb einer Prozesssequenz, nach dem Fließprinzip führt zu transparenten, reibungslosen Abläufen.

7.3 KANBAN – die einfache Bestell- und Lieferkarte

Vom Supermarkt wurde die Idee abgeleitet, den jeweils Vorgelagerten Arbeitsgang eines Produktionsprozesses als eine Art Produzent anzusehen. Der nachfolgende Arbeitsgang (Kunde) entnimmt dem Vorgelagerten (Supermarkt) die benötigten Teile (Ware) zum erforderlichen Zeitpunkt in der benötigten Menge. Der Vorgelagerte Arbeitsgang stellt die gerade entnommene Menge sofort wieder her (Wiederauffüllen der Regale).

Die am häufigsten benutzte Form des **KANBAN ist eine Karte in einer Plastikhülle, die an einem Behälter angebracht ist**. Diese Karte liefert drei Informationsgruppen:

- Entnahmeinformationen
- Transportinformationen
- Produktionsinformationen.

Man unterscheidet je nach Einsatzart zwei Kanbantypen:

- Entnahme-Kanban (Entnahmeauftrag)
- Produktions-Kanban (Produktionsauftrag)

die jeweils mit allen notwendigen Informationen ausgestattet sind wie: Art, Menge, Zeitpunkt, Transportmittel, Behälter, Abholort und Bringort. Das Kanban übermittelt diese Informationen vertikal und horizontal innerhalb der Unternehmen und an dessen Zulieferer.

Wenn eine Arbeitsstation Teile verbraucht hat und wieder benötigt, schickt sie das Kanban an die vorhergehende Arbeitsstation, die dann genau so viele Teile herstellt, als verbraucht worden sind. Auf diese Weise geht der Fertigungsprozess vom Endprodukt zurück zum ersten Produktionsabschnitt, der das Rohmaterial bearbeitet. Alle Arbeitsstationen sind in der Just-in-time-Kette miteinander verbunden und zeitlich aufeinander abgestimmt.

Das Kanban funktioniert somit als **Fertigungsauftrag**. Eine besondere Produktionsplanung ist überflüssig; lediglich eine Produktionssteuerung besorgt das Ausstellen und Verteilen der Kanbankarten.

Es ist nicht möglich, Teile zu fertigen, für die es kein Kanban gibt. Nur von der nachfolgenden Arbeitsstation abgenommene Teile werden gemäß Kanban nachgefertigt. Auslöser ist die gegenwärtige Marktnachfrage als *Pull-Input* (erste „Arbeitsstation").

Überproduktion und größere Pufferlager und die damit verbundene Verschwendung werden vermieden. Mit Kanban lässt sich Güterfluss und Produktionsablauf im Unternehmen steuern.

KANBAN-Karte		Karten-Nr.: 1	Start bei Karte 3
		Anz.-Karten: 6	(Strichcode) 215654898465432453 2
Lieferstelle:	Blechraum / Säge		
Sachnummer:	64 25 465		
Kurzbezeichng.:	**Kabelabfangschiene**		Bild
Behälter:	Blechkiste 500x250x200		
Transportmittel:	Hubwagen		
Ablieferplatz:	Vormontage	Station: 20	
Lagerplatz:	SAB 47 11 02		
Menge:	100	Lieferzeit: 3 Arbeitstage	
Material:	C-Profil 98 03 533		
Arbeitsfolgen:		Arbeitsfolgen:	Zeit
1. Sägen (Länge 170 mm) 2. Entgraten 3. Bohren / Lochen 4. Versenken 5. Schleifen			4,5 Std.

Bild 7-2a: Darstellung einer Produktions-Kanbankarte [31]

Um die Kanban-Regeln in die Praxis umzusetzen, reicht ein oberflächliches Verständnis nicht aus. Das ganze Unternehmen muss seinen bisherigen Denkansatz radikal ändern und den konventionellen Fluss der Produktion, des Transportes und der Lieferung von Teilen radikal umkehren! Die bislang eingeführten Produktionsmuster der Massenfertigung haben bei Einführung des Kanban-Systems keine Gültigkeit mehr.

7.3.1 Kanban beschleunigt Verbesserungen

Ein Kanban dient wie gesagt als Entnahmeauftrag, als Auftrag zur Beförderung und Lieferung sowie als Arbeitsauftrag. Entnahme oder Produktion ohne Kanban sind verboten! Da außerdem niemals ein fehlerhaftes Teil an die nächste Arbeitsstation weitergegeben werden darf, sorgt das Kanban-System für eine Null-Fehler Produktion.

Ein Kanban begleitet grundsätzlich die benötigten Teile und Güter und wird so für jeden Arbeitsgang zu einem Arbeitsauftrag. Dadurch wird Überproduktion – einer der größten Verlustquellen bei der Fertigung – verhindert.

KANBAN-Funktionen

- **Kanban liefert Entnahme- bzw. Transportinformationen**:
  Beim vorhergehenden Arbeitsgang wird die angegebene Teilemenge entnommen.
- **Kanban liefert Produktionsinformationen**:
  Der Vorgelagerte Arbeitsgang stellt die angegebene Menge und Reihenfolge her.
- **Kanban verhindert Überproduktion** und überflüssigen Transport:
  Kein Werkstück wird ohne Kanban hergestellt oder transportiert.
- **Kanban verhindert fehlerhafte Produkte**:
  Fehlerhafte Teile werden nicht an den nächsten Arbeitsgang weitergeleitet. Das Ergebnis sind fehlerfreie Endprodukte.

Das Kanban-System wird nach strengen Regeln gehandhabt. Die Überwachung der Kanban-Regeln sind ein nie endendes Problem. Eine sehr ausführliche Darstellung des KANBAN-Systems findet sich in [7] und [21].

Bild 7-2b zeigt das Regelkreisprinzip von Material- und Informationsfluss.

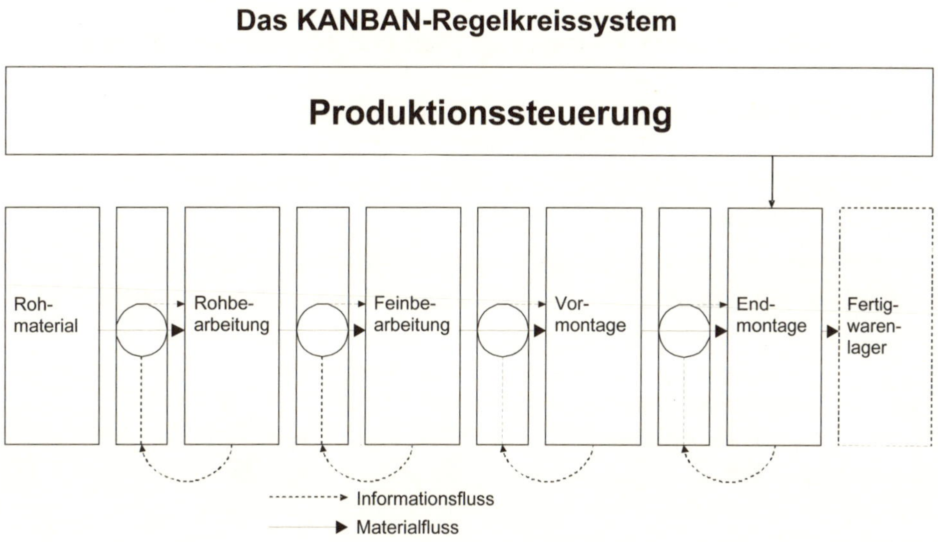

Bild 7-2b: Der KANBAN-Regelkreis mit Material- und Informationsfluss [11]

7.4 Heijunka - Produktionsnivellierung

Es könnte beim Kanban-System vorkommen, dass der Nachgelagerte Arbeitsgang beim Vorgelagerten Arbeitsgang auf einmal eine große Menge entnehmen muss und dadurch eine Störung hervorruft. Diese muss jedoch vermieden werden, denn stärkere Schwankungen haben negative Auswirkungen auf alle Arbeitgänge. Das führt zu der Notwendigkeit von **Auslastungsglättung** und **Produktionsnivellierung**. Die schnelle Reaktion auf die Nachfrageschwankungen des Marktes muss aber trotzdem voll gewährleistet bleiben.

Um Marktdiversifizierung und Produktionsnivellierung in harmonischen Einklang zu bringen, sind einige wohlüberlegte Maßnahmen im Herstellungsprozess notwendig! Grundvoraussetzungen sind ein

- **kontinuierlicher Fertigungsfluss,** eine
- **konstante Fertigungsgeschwindigkeit (Taktzeit)** und eine
- **optimale Kapazitätsauslastung** (Betriebsoptimum 95 %).

Ein solcher gleichmäßiger Anlagenbetrieb wird als Heijunka-Produktionsnivellierung bezeichnet, die aber gleichzeitig das Ziel einer flexiblen Auftragsfertigung im Auge behalten muss.

7.4.1 Flexibilität durch kleine Losgrößen und schnelle Umrüstung

Um eine gleichmäßige Auslastung der Fertigung zu gewährleisten und unerwünschte Schwankungen zu vermeiden, sind notwendigerweise weitere fünf Grundvoraussetzungen zu erfüllen:

- **Totaler Modellmix** ähnlicher Modellversionen im selben Fertigungsfluss
- **kleine Losgrößen** wegen Vielfalt der Modell
- **rascher Werkzeugwechsel** (rapid setup) wegen der kleiner Losgrößen
- **umfassende Ausbildung** der Arbeitsgruppen zu **multiskilled workers.**

Der Modellmix ist notwendig für eine gleichmäßige Auslastung trotz ungleichmäßiger Modellbestellungen. Die Vielfalt der Modelle führt zu kleinen Losgrößen und die Bearbeitungswerkzeuge und Vorrichtungen müssen oft ausgewechselt werden. Das Umrüsten muss also rasch erfolgen - single minute exchange of die - und möglichst ohne notwendige Nachjustierungen!

Die Produktionsnivellierung kann somit bei zunehmender Modelldiversifizierung schwierig werden. Dies führt zu einer weiteren notwendigen Grundvoraussetzung:

- **Spezialeinrichtungen und -maschinen vermeiden.**

Dementsprechend sind Anstrengungen erforderlich, um die jeweils **optimalen Maschinenausstattungen** zu finden, die für ein möglichst **breites Einsatzfeld** und kleine Losgrößen geeignet sind.

Umso mehr sind **flexibel einsetzbare Mitarbeiter** - **Shojinka** - notwendig, die sich rasch an veränderte Arbeitsbedingungen anpassen können und umfassend zu multiskilled workers ausgebildet sind. Der große Gewinn dieser flexiblen Einsatzfähigkeit liegt darin, dass Mitarbeiter verschiedene Maschinen bedienen und unterschiedliche Arbeitsschritte leicht und schnell ausführen können. Man spricht hier auch von einem **Multi Prozess Handling.**

Auf diese Weise können Modelldiversifizierung und Produktionsnivellierung im gewünschten Gleichgewicht gehalten und auf Kundenaufträge zeitgerecht reagiert werden.

All dies bedeutet allerdings eine radikale Abkehr von der Massenfertigung Ford'scher Prägung!

7.4.2 Die 5 S und die 5 W

Die 5 S, also Seiri: Ordnung schaffen, Seiton: Ordnungsliebe, Seiso: Sauberkeit, Seiketsu: persönliche Ordnungsregeln, Shitsuke: Disziplin, gehören zu den Grundvoraussetzungen von Total Productive Maintenance TPM und werden im TPS grundsätzlich und diszipliniert angewandt.

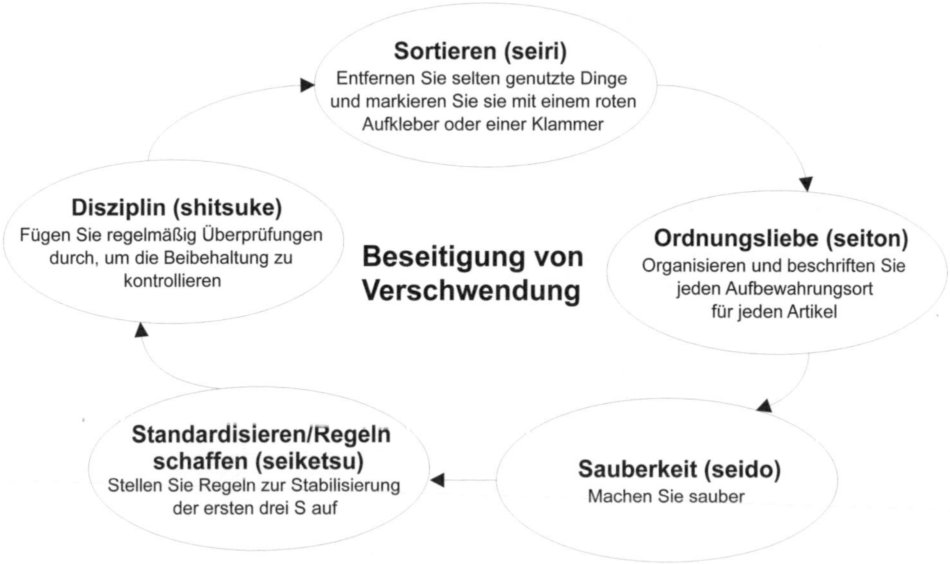

Bild 7-3: Die 5 S des Total Productive Maintenance

Jeder Werksleiter kennt die Wichtigkeit und **positive Auswirkung von Ordnung, Sauberkeit und Disziplin** in den Betrieben. Die Abläufe sind klarer erkennbar und Defekte werden leichter entdeckt. Auch die Mitarbeiter werden durch die 5 S in ihrer Arbeitsdurchführung positiv beeinflusst!

Zu den 5 S kommen die 5 W, das **fünfmalige Warum-Hinterfragen** der Problemursachen, das sich von der 6 W-KAIZEN-Hinterfragetechnik ableitet!

Durch ständiges Anwenden erhöht sich die Problemlösungskompetenz der Mitarbeiter und sie lernen, Probleme an der Wurzel abzustellen.

7.5 One-Piece-Flow-Zellen und PULL-System

7.5.1 Push- und Pull-Prinzip

Das Push-Prinzip entspricht einer Schiebelogik nach einem vorgegebenen Produktionsplan, der auf Absatzprognosen beruht.

Wenn aber der Kunde mit seinem Auftrag am Ende einer Prozesskette zieht und damit die Produktion anstößt, spricht man von einem Pull-Prinzip oder einer Ziehlogik (s. Bild 7-4).

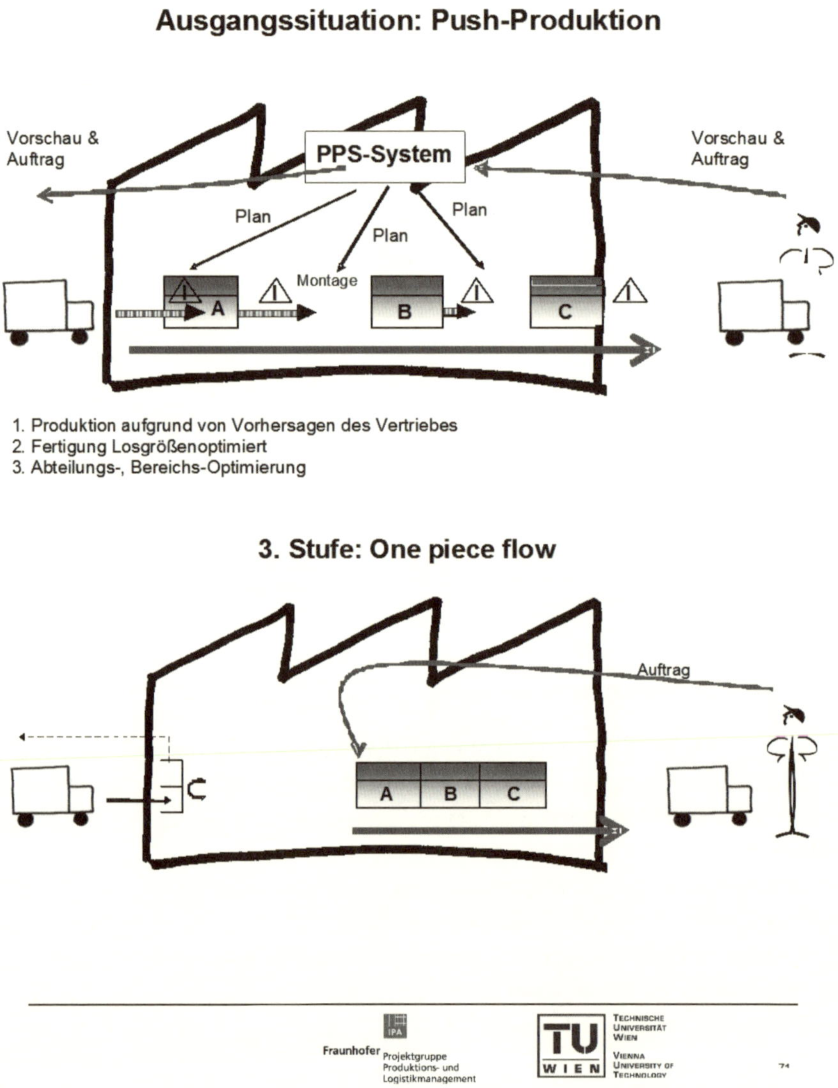

Bild 7-4: Prinzipdarstellung von Pushproduktion zu Pullproduktion im one-piece-flow

Bei einer schlanken Fabrik mit kurzen Durchlaufzeiten sollte nur das produziert werden, was unmittelbar vom Kunden gebraucht wird. Es handelt sich hier also um ein verbrauchsorientiertes Hol-Zieh- oder Pull-Prinzip. Auf kurzfristige Änderungen kann dabei flexibel reagiert werden.

7.5.2 Elemente des Pull-Prinzips

Ein grundlegendes Element des Pull-Prinzips ist das Supermarktregal (s. Kap. 7.3). Der Supermarkt ist das Materiallager des Lean Management. Der Supermarkt mit definiertem Min-/Max-Bestand sichert FIFO (first in, first out).

Versorgt wird dieser „Supermarkt" durch einen Rundlauf-LKW, der täglich mehrere Lieferanten auf derselben Route anfährt – der sogenannten Milk-Run-Lieferantenfolge. Der Milk-Run – in Anlehnung an das tägliche Milcheinsammeln in einer Bauerngemeinde – erlaubt eine täglich richtige Zuliefermenge für die Fertigung.

Ein innerbetrieblicher Milk-Run – auch Small Train genannt – wird durch Kanbans gesteuert und beliefert die Arbeitszellen.

Jede Arbeitszelle hat einen Kanban gesteuerten genau definierten, kleinen Shop Stock als Outputlagerort.

Den Abschluss des Pull-Systems bildet ein Kunden-Auslieferungsstock, der vom letzen Shop Stock beliefert wird.

7.5.3 One-Piece-Flow

Das Toyota-Produktionssystem verlangt nach einer gleichmäßigen Fertigung und kleinstmöglichen Losgrößen, auch wenn dies dem konventionellen Produktionsverständnis zu widersprechen scheint.

Beim *kontinuierlichen Prozessfluss* – auch one-piece-flow-Prinzip genannt – erfolgt die Bearbeitung auf in Serie hintereinander angeordneten **Arbeitsstationen ohne Zwischenlager** (Shop Stocks sind Kanbanelemente und gelten nicht als Zwischenlager). Iedes Teil durchläuft jede Arbeitsstation **ohne Unterbrechung** bis zum fertigen Endprodukt. Gearbeitet wird nach dem bei Kanban üblichen **Pull-System.** Dabei sollen möglichst kurze Wege zurückgelegt und möglichst geringe Wartezeiten zwischen den Prozessschritten überbrückt werden, um mit größtmöglicher Effizienz zu produzieren. Kontinuierlich fließende Abläufe dienen auch dazu, Probleme ans Licht zu bringen, sie unmittelbar zu lösen und damit Verschwendung zu reduzieren.

Im Gegensatz dazu werden bei der klassischen Produktionsweise die Arbeitsstationen parallel, meist auch räumlich getrennt angeordnet und alle Teile werden zuerst von der einen, dann von der nächsten Arbeitsstation nach dem Push-System bearbeitet.

Das one-piece-flow-Prinzip verringert die Durchlaufzeit, vermeidet Zwischen-Lager und folgt meist einer U-förmigen Anordnung (Bild 7-5). **Jeder Arbeiter kann mehrere, unterschiedliche Maschinen bedienen** und in seinem Wirkungsbereich für Null-Fehler sorgen.

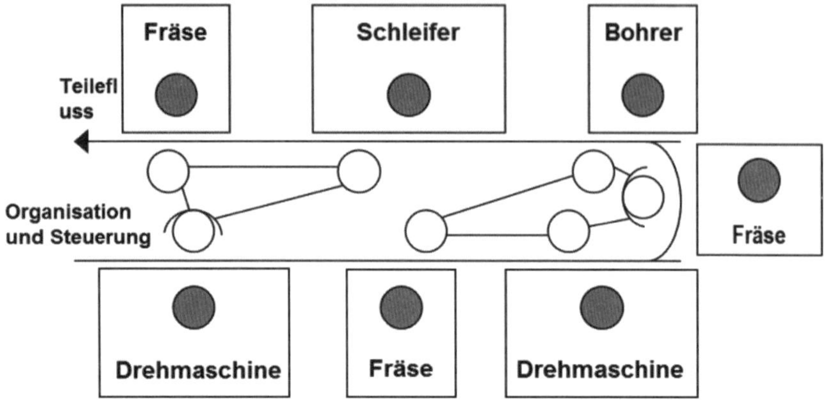

Bild 7-5: U-förmige One-Piece-Flow-Zelle mit sieben Maschinen, die von nur zwei Mitarbeitern betreut werden [5]

Die Wahrung fließender Abläufe zwischen den Prozessen führt zu deren Verknüpfung und schafft Interdependenzen. Diese gegenseitige Abhängigkeit und die geringen Sicherheitspuffer führen dazu, dass jedes Ereignis, das zu einer Unterbrechung des Flusses führt, dringend behandelt werden muss.

Fazit: **Probleme müssen unverzüglich gelöst werden!**

Es muss außerdem immer jedoch exakt nach einer **Taktzeit** gearbeitet werden, die der durchschnittlichen Produktnachfrage entspricht.

TAKTZEIT = *Tagesproduktionszeit/Tagesproduktionsvolumen (Nachfrage)*

ANZAHL ARBEITSSTATIONEN = *Gesamtproduktionszeit pro Einheit/Taktzeit*

Das eigentliche Ziel einer schlanken Produktion besteht in der weitgehenden Anwendung der Ideale von **„One-Piece-Flow-Zellen"** und Kanban- oder **Just-in-Time Logistik** in allen Geschäftsbereichen!

In einem One-Piece-Flow werden alle Teilprozesse eines Kundenauftrages in der Reihenfolge angeordnet, die eine **schnellstmögliche Erfüllung des Kundenwunsches** gewährleistet. Die One-Piece-Flow-Zellen sollen ganz auf das Produkt ausgerichtet werden und mit einer **Taktzeit** arbeiten, die der Kundennachfrage entspricht. Ein kontinuierlicher, Auftragsgesteuerter Prozessfluss und eine kontinuierliche Taktzeit ergeben einen gleichmäßigen Rhythmus mit optimaler Durchlaufzeit.

Die Teileversorgung erfolgt durch ein **nachfragegesteuertes Pull-System**. „PULL" bedeutet **Nachfragesog** nach der Ziehlogik bzw. dem **Built-to-Order-Modell.** Der Kunde „zieht" mit seinem Auftrag!

Kanban ist im Prinzip, wie in Kapitel 7.3 dargelegt, eine **Karte** an einem leeren Behälter, die signalisiert, dass der Behälter mit einer bestimmten Anzahl von Teilen (steht auf der Karte) aufgefüllt und zum Arbeitsteam zurückgeschickt werden muss Es werden nur minimale, standardisierte Lagerbestände (shop stock) zugelassen. Dies entspricht einer rigorosen **Just-In-Time** Teileversorgung.

7.5.4 Standardisierung und Problemlösungsprozess

Grundlage für kontinuierliche Verbesserung sind **standardisierte Arbeitsschritte**. Die Standardisierung setzt sich aus drei Elementen zusammen:

- Abfolge (Sequenz) der Arbeitsschritte
- Taktzeit und
- standardisiertes Handlager.

Diese Standards werden in einer **bebilderten Arbeitsbeschreibung** an jeder Arbeitsstation ausgehängt. Bei einem Qualitätsproblem wird die Arbeitsbeschreibung überprüft und entsprechend angepasst. Die Arbeitsgruppe wirkt bei der Erstellung der **Standard-Arbeitsbeschreibung** selber mit.

Treten Probleme auf, versucht man diese mit einfachen Methoden, die jeder versteht, zu lösen. Toyota hat einen **siebenstufigen, praktischen Problemlösungsprozess** entwickelt (Bild 7-6).

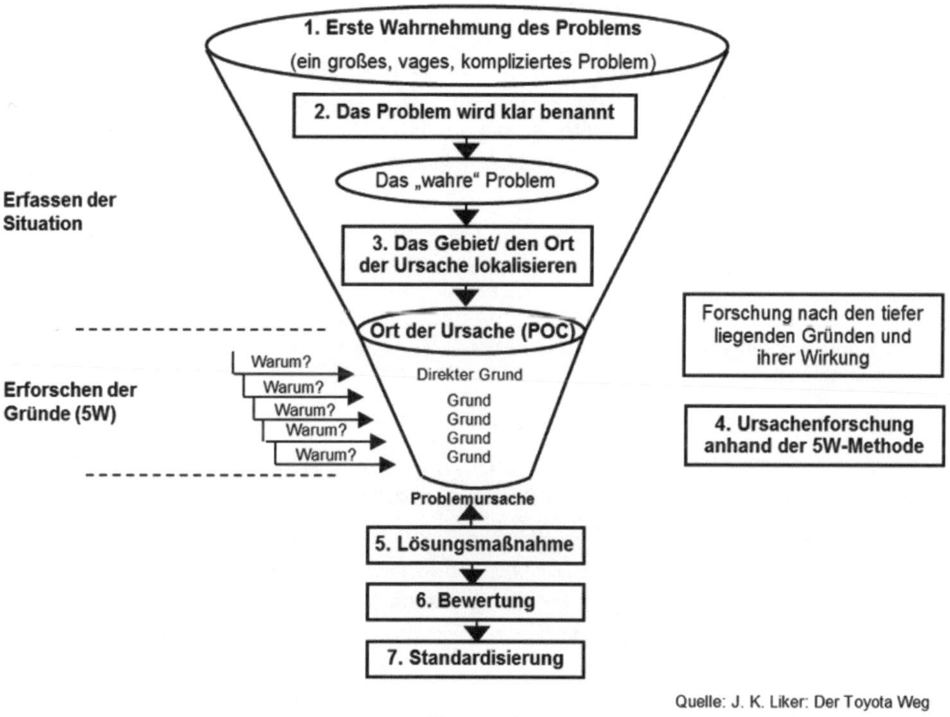

Bild 7-6: Toyotas praktischer, siebenstufiger Problemlösungsprozess [5]

Die wichtigsten vier Problemlösungsinstrumente, die auch von den Managern selber vor Ort praktiziert werden müssen, sind darin:

Praktische Problemlösungsinstrumente

1. Mache **dir selbst vor Ort** ein Bild von der Situation
2. **Analysiere** die Situation (Ishikawa-Diagramm, Pareto-Analyse)
3. Wende **One-Piece-Flow** und **Andon** (Produktionsstopp) an, um Probleme sichtbar zu machen
4. Frage **5 mal „Warum“**, um die Problemursachen zu ermitteln

Damit keine Probleme verborgen bleiben ist Ordnung und Sauberkeit notwendig. Das dazu eingesetzte **5 S-Programm** (siehe TPM) und visuelle Kontrollen verhindern das Verdecken möglicher Probleme. Am Arbeitsplatz sollen die besten **visuellen Indikatoren** verwendet werden - **akustische, optische, haptische Signale, Tafeln, Ampeln und Leuchtschrift** - um auf Abweichungen sofort aufmerksam zu machen!

7.5.5 Der A3-Problemlösungsbericht

Die Dokumentation eines komplexen Problemlösungsprozesses wird bei Toyota auf denkbar einfache Weise durch einen DIN A3-Papierbogen gelöst. Dies ergab sich aus dem Umstand, dass DIN A3-Papierbögen das größte Format für Faxgeräte darstellen und früher per Fax Berichte übermittelt wurden. Daraus wurde eine Methodik, ja eine Kunst des präzisen, aussagekräftigen Berichtwesens.

Ein kurzer, prägnanter Bericht kann eben aussagekräftiger sein, als eine lange Abhandlung. Es haben sich im Laufe der Zeit verschiedene A3-Berichtstypen herausgebildet:

- Vorschlagsbericht
- Problemlösungsbericht
- Statusbericht
- Informationsbericht oder Abschlussbericht.

Der Aufbau eines Problemlösungsberichtes beispielsweise ist genau vorgegeben und dadurch überall leicht verständlich. Das **DIN-A3-Breitformat** erweist sich dabei als sehr zweckmäßig und erlaubt eine komplette, strukturierte Information.

Im vollständigen Beispiel eines A3-Berichtes (Bild 7-7) wird das Problem einer dauerhaft unter der Planvorgabe gebliebenen Fertigung untersucht und durch einfache Maßnahmen hauptsächlich bei der Maschinenreinigung gelöst (s. Liker/Meier: Praxisbuch Der Toyota Weg).

DIN A 3 Problemlösungsbericht: Titel	
1. Problemdefinition und Problembeschreibung	3. Ergebnisse
2. Problemanalyse und Problemlösungsvorschläge	4. Zukünftige Schritte und Standardisierung

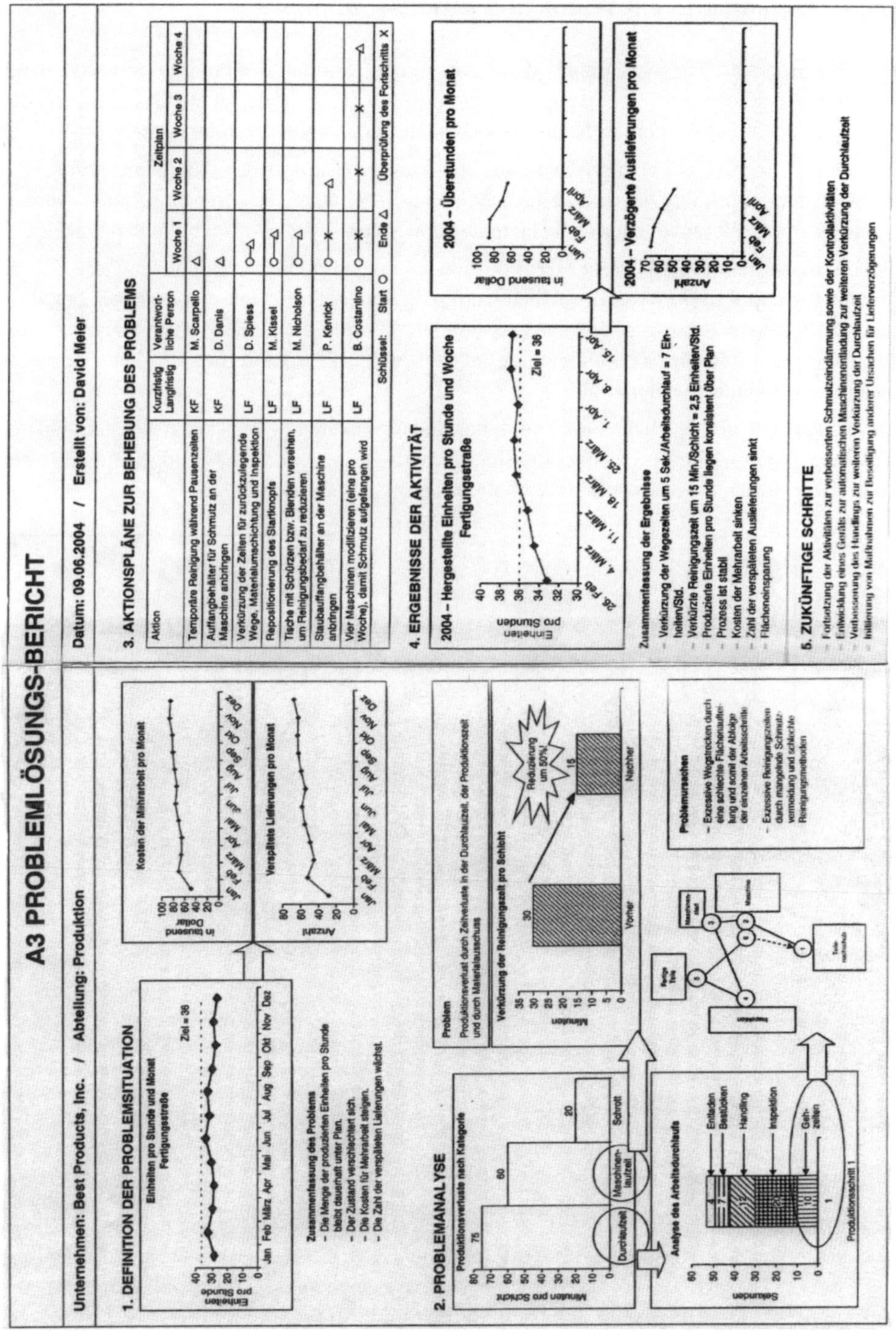

Bild 7-7 Format und Darstellungsverlauf eines DIN-A3-Problemlösungsberichts [20] (Dieses Dokument ist in der Praxis ein einseitiges A3-Dokument,)

7.5.6 Organisation in Teams und Arbeitsgruppen

Die Arbeiter, die die Wert schöpfende Arbeit verrichten, sind mit der Produktion und den auftretenden Problemen bestens vertraut. Sie sind deshalb die zentrale Anlaufstelle für Problemlösungen. Alle anderen Hierarchieebenen sind dazu da, sie dabei zu unterstützen!

Etwa fünf bis acht Arbeiter bilden ein **Team**. Der **Teamleiter** unterstützt das Team, sorgt für das Einhalten der Produktionsziele und stellt sicher, dass die Standardverfahren eingehalten werden. Er reagiert und hilft immer sofort bei einem **„Andon"-Signal** (gelb), das ein Problem anzeigt.

Vier bis Teams Teams sind in einer **Gruppe** zusammengefasst, für deren Führung und Koordination ein **Gruppenleiter** verantwortlich ist. Der Gruppenleiter spielt insbesondere bei wichtigen Prozessverbesserungen eine zentrale Rolle. Er koordiniert umfangreiche Wartungs- und Umrüstarbeiten und die Schnittstellen zu angrenzenden Prozessen. Gruppenleiter springen auch für abwesende Teamleiter ein.

Dasselbe grundlegende System aus Teamleiter und Gruppenleiter findet sich auf allen Ebenen der Organisation wieder! Die Leiter sind stets vor Ort, greifen, wenn notwendig, unterstützend ein und verstärken eine erwünschte Verhaltensweise.

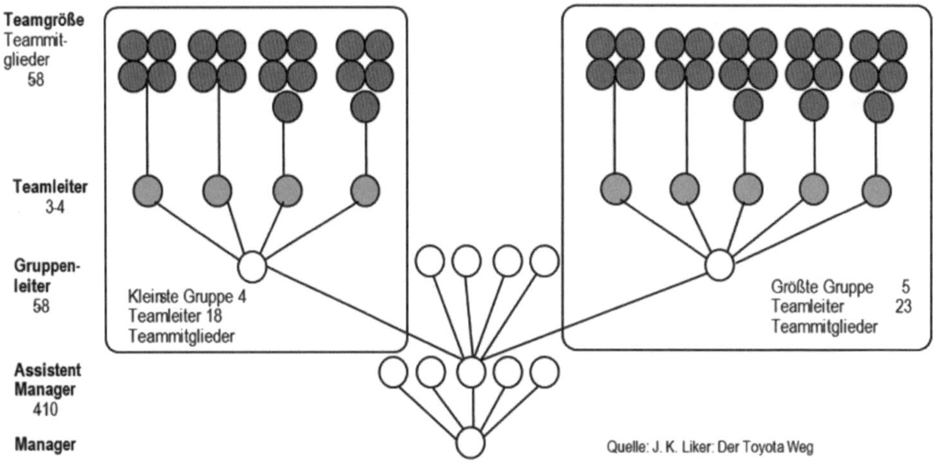

Bild 7-8: Typische Toyota-Team-Organisation [5]

7.6 Wertstromanalyse

Zur Umsetzung größerer TPS-Projekte gründete Taiichi Ohno Toyotas interne Produktionsberatung Operation Management Consulting Division OMCD. Eine der Hauptaufgaben bildete die visuelle Darstellung der Material- und Informationsflüsse, ohne zu viel Gewicht auf die einzelnen Prozesse zu legen. Das führte letztlich zu dem, was man heute **„Wertstromanalyse"** nennt und was Toyota als **„Diagramm über den Material- und Informationsfluss"** bezeichnet.

Effizienz und Leistungsfähigkeit zu analysieren und zu steigern ist im TPS von zentraler Bedeutung. Entscheidend ist es, die Prozesse aus der Sicht des Wertstromes zu betrachten!

Durch eine Analyse des Wertstromes und Anwendung der Methode des **Wertstromdesign** - nach Prof. Mike Rother, University Ann Arbor, Michigan auch **Value Stream Mapping** genannt - werden Quellen der Verschwendung aufgedeckt und Abläufe effizient gestaltet.

Der Gedanke die Wertströme zu analysieren, geht auf die Autoren der bereits genannten MIT-Studie [1] zurück, die die Perspektive der Wertströme der Prozesse als **Quintessenz der schlanken Philosophie** bezeichnet haben.

Unter Wertstromdesign sind dabei alle Aktivitäten - sowohl die Wertschöpfenden als auch die unerlässlich nicht Wertschöpfenden - zu verstehen, die notwendig sind, um ein Produkt vom Rohmaterial bis in die Hände der Kunden zu bringen.

Unter Berücksichtigung auch der unerlässlichen Stützleistungen kann die eigentliche Verschwendung im Wertstrom erkannt werden und es lässt sich ein Wertstromquotient ermitteln.

WERTSTROMQUOTIENT:
VERHÄLTNIS DER WERTGENERIERENDEN BEARBEITUNGSZEIT ZUR DURCHLAUFZEIT WQ = BZ : DLZ

Aus diesen Erkenntnissen lässt sich dann der zukünftige Wertstrom designen, indem der Material- und Informationsfluss auf Basis von **Pull** und fließenden Prozessen - am besten **one-piece-flow** - sowie einer Produktion auf Basis des Rhythmus der **Taktzeit** beziehungsweise der Kundennachfrage erfolgen.

Manche Unternehmen verfügen über **Value Stream Manager** je Produktfamilie für diese wichtige Aufgabe.

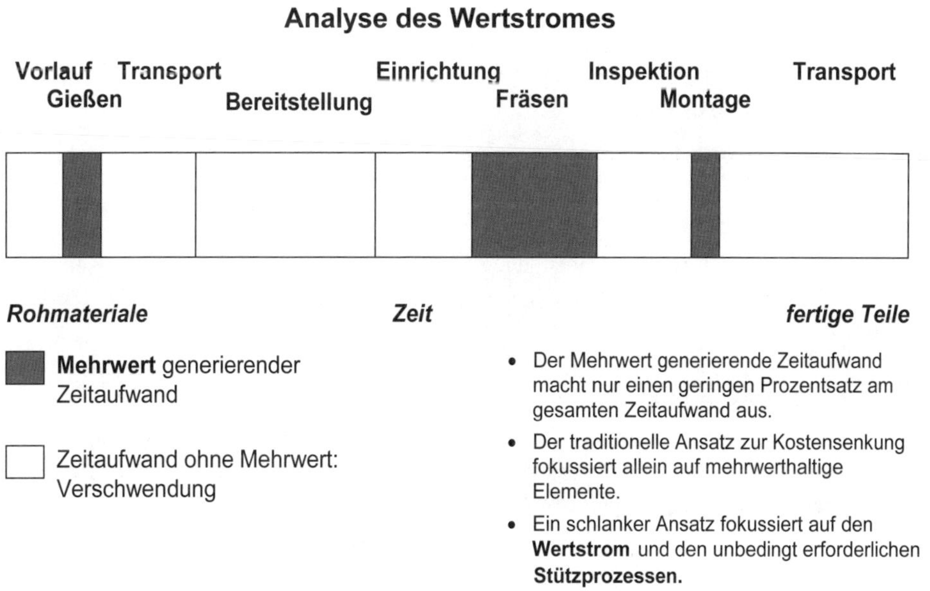

Bild 7-9: Das Prinzip einer Wertstromanalyse: Was ist von den weißflächigen Tätigkeiten (Stützprozesse) unbedingt für den Prozessablauf notwendig?

Die schon mehrfach behandelten Arten der Verschwendung in einem Unternehmen sollen in diesem Zusammenhang nochmals dargestellt werden, um die Verknüpfungen zwischen Verschwendung und Wertstrom zu verdeutlichen. Wertstromdesign stellt somit ein wichtiges Werkzeug zur **Verbesserung der Prozessabläufe** dar.

Effizienzgewinn stellt sich demzufolge dann ein, wenn die Verschwendung minimiert wird und die Produktionsmittel ihre maximale Leistungsfähigkeit erreichen.

In diesem Zusammenhang spricht man auch von einer verschwendungsarmen, wertstromverbessernden Logistik, wenn die 5-R-Regel befolgt wird:

Die 5-R-Regel

Das **R**ichtige Objekt, zur **R**ichtigen Zeit, in **R**ichtiger Qualität und **R**ichtiger Quantität, am **R**ichtigen Ort! ■

7.6.1 Wertstromdesign

Im Rahmen der Wertstromanalyse (Istprozessdarstellung) wird die Grundlage für eine Sollprozessgestaltung gelegt. Die Prozessbeteiligten erkennen die Prozessschwächen und sollen festlegen, wie der Prozess künftig besser arbeiten kann.

Wichtig ist, dass vor dem Wertstromdesign konkrete Ziele festgelegt werden, wie beispielsweise:

- Reduzierung der Durchlaufzeit um 30 %
- Reduzierung der Bearbeitungszeit um 10 %
- Halbierung der Schnittstellen.

Es haben sich zwei Vorgehensweisen zur Gestaltung der Sollprozesses herausgebildet [29]:

1. Die „Kaizen-Blitze" abarbeiten

Bei kürzeren Prozessen reicht es meist, die erkannten, Erfolg versprechenden „Kaizen-Blitze" (s. auch 2.7.1) in Prozessverbesserungen umzuwandeln, ohne den Prozess grundlegend zu verändern.

2. Der „Grüne Wiese-Ansatz"

Hier wird versucht, sich vom bestehenden Prozessablauf weitgehend zu lösen und einen Idealprozess zu entwerfen. Dann soll überlegt werden, was von diesem Idealprozess realistisch im nächsten halben Jahr in einen Sollprozess umgesetzt werden kann.

Dieser Umweg über einen Idealprozess lohnt sich besonders bei längeren und komplexeren Prozessen.

Im Focus beider Varianten steht die Gestaltung eines Flusses mit einem hohen Grad an Wertschöpfung und kurzen Durchlaufzeiten!

Was bringt Wertstromdesign?

- **Reduzierung der Bestände**
- **Reduzierung der Durchlaufzeit**
- **Einsparung von Produktionsflächen**
- Transparentlegung von Störgrößen und Engpässen
- Identifizierung von Prozessschwächen
- Steigerung der Transparenz / Reduzierung der Komplexität
- Steigerung der Mitarbeitermotivation
- Steigerung der Produktivität
- Beseitigung von Schnittstellen im Auftragsdurchlauf

Fraunhofer Projektgruppe Produktions- und Logistikmanagement — TU Wien, Technische Universität Wien, Vienna University of Technology

Bild 7-10: Die Vorteile von Wertstromdesign (Fraunhofer Austria)

Bei Fraunhofer Austria beschäftigt man sich seit längerem intensiv mit Wertstromdesign und hat u. a. die in Bild 7-11 dargestellten acht Leitlinien für einen effizienten, kundenorientierten Wertstrom erarbeitet.

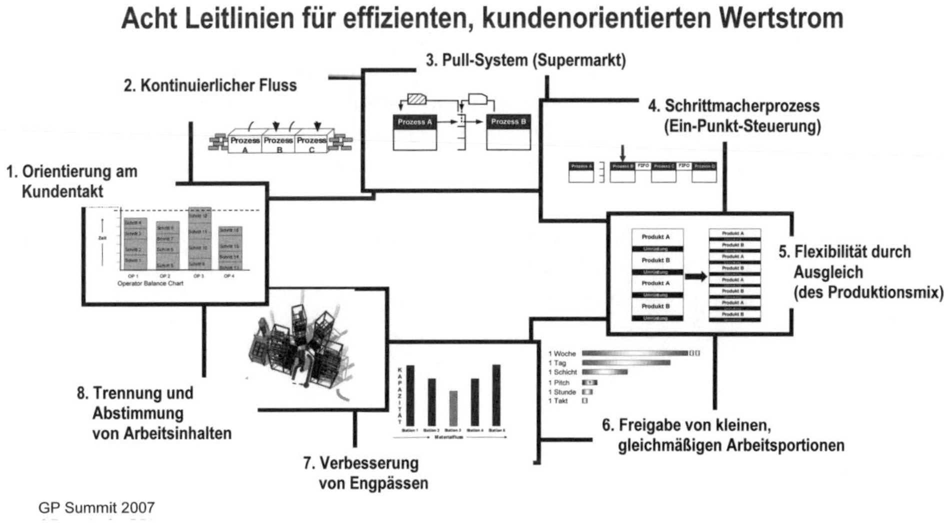

Bild 7-11: Acht Leitlinien, um vom Ist- zum Soll-Wertstrom zukommen (Fraunhofer Austria)

Außer dem **Minimum an Aufwand** an Betriebsmittel, Material, Platz und Arbeitszeit, der für die Wertsteigerung eines Produktes unerlässlich ist, gilt alles andere als **Verschwendung (Muda)**.

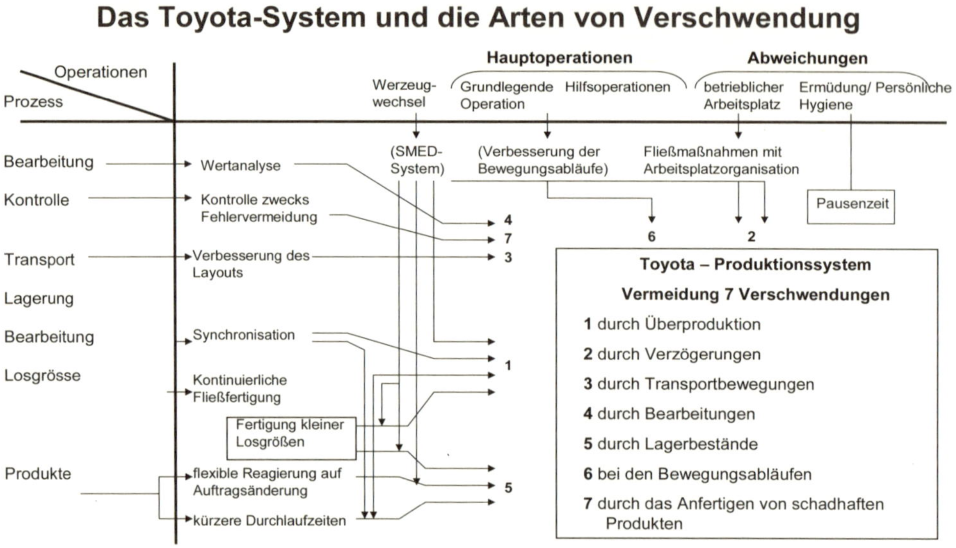

Bild 7-12: Arten der Verschwendung im Zusammenhang mit Wertstromanalyse

Es sei in diesem Zusammenhang auf die Parallele zu der Analyse der vier **Prozessleistungsarten** hingewiesen, die im Kapitel 3.2.3 vorgestellt wurde. Es geht auch dort darum, nur jene **unbedingt notwendigen Stützleistungen** zuzulassen, die der Prozess braucht.

Man muss also alle innerbetrieblichen Tätigkeiten und Vorgänge in Bezug auf Verschwendung genau analysieren.

Eines der wichtigsten Ziele neuer Produktionssysteme ist es, alle Prozesse im Wertstrom so miteinander zu verknüpfen, dass ein kontinuierlicher Fluss (one-piece-flow) entsteht. Durch eine enge Verkettung der Prozesse im Wertstrom wird die Durchlaufzeit verkürzt und gleichzeitig Fehler besser erkannt und verringert. Hierbei wird auch die Aufgabe der Steuerung einzelner Prozesse auf die Steuerung eines gesamten, effizienten, Kundenorientierten Wertstromflusses verlagert.

Wertstromdesign wird diesem Ansatz gerechter - im Gegensatz zu anderen Methoden - denn dabei werden nicht nur der Materialfluss, sondern gleichzeitig auch der wichtige Informationsfluss, der die Produktion steuert, parallel mit einbezogen.

7.7 JIDOKA – Die autonome Qualitätssicherung mit Null-Fehler

**NICHTS SCHLECHTES HERSTELLEN (KÖNNEN),
WEITERGEBEN (KÖNNEN),
ANNEHMEN (DÜRFEN)**

Qualität kann nur dann effizient gesichert werden, wenn die Sicherungsmaßnahmen dort ansetzen, wo die Qualität ursächlich entsteht, nämlich im Fertigungsprozess.

Taiichi Ohno, der legendäre Schöpfer von TPS, hat ein solches kausales Qualitätssicherungssystem entwickelt. Die Träger sind die Arbeiter, die die eigentliche Wertschöpfung erbringen.

DER ANSATZ JAPANISCHER QUALITÄTSSICHERUNG BASIERT AUF SELBSTKONTROLLE UND WECHSELSEITIGER KONTROLLE.

Dieses interne Prozesssicherungssystem wird als **Autonome Qualitätssicherung** bezeichnet. Dazu gehören auch intelligente Maschinen, die Unregelmäßigkeiten selbsttätig, also ebenfalls autonom erkennen. Das ganze System wird **Jidoka** genannt.

Jidoka ist die Fähigkeit eines Fertigungsprozesses, beim Auftreten von Problemen anzuhalten und das Problem sofort zu eliminieren. Geräte und Maschinen sind so ausgerüstet, dass sie Defekte und Anomalien automatisch erkennen und selbsttätig anhalten. Arbeiter können bei Problemen Hilfe anfordern und das Band stoppen (Andon).

Bei Toyota wird fast jede Maschine mit einem Gerät versehen, welches sie bei Problemen automatisch anhält. Das heißt, die Maschinen werden **„narrensicher"** ausgerüstet, was **Baka-Yoke** genannt wird. Eine autonom automatisierte Maschine entdeckt selbstständig Unregelmäßigkeiten und verhütet so die Herstellung defekter Teile.

Jidoka

- **Selbstkontrolle und wechselseitige Kontrolle** an jeder Arbeitsstation
- **Poka-yoke:** Einrichtungen zur Vermeidung von Fehlhandlungen
- **Autonomation (Autonome Automation** *oder* **Baka Yoke):** Maschinen stoppen bei Fehlern automatisch
- **Andon:** Anzeigetafeln (grün, **gelb**, rot), durch welche Probleme angezeigt und sichtbar gemacht werden. Aufruf zur Hilfestellung.
- **Bandstoppsystem** (bei Andon **rot**): Falls der Fehler sich **nicht** innerhalb der verfügbaren Taktzeit (gelb) beheben lässt, kann das Band gestoppt werden

Diese **Selbstgesteuerte Fehlererkennung** macht Probleme an jeder Arbeitsstation deutlich und führt zu einer **Prozessimmanenten Qualität!** Sind Fehler erkannt worden, werden sie an der Wurzel abgestellt.

Prinzip Fehlerabstellung an der Wurzel

- Wurzeln des Fehlers suchen - **fünfmal WARUM** fragen
- Fehler **an der Wurzel** abstellen - nicht bloß die Symptome
- Fehlerabstellung **aller Fehlerursachen** nicht bloß **einer** Ursache
- Fehler dürfen den nachfolgenden Arbeitsgang nicht erreichen
- Fehler **sofort abstellen**; notfalls Fertigung anhalten
- Nur **fehlerfreie Teile** annehmen und weitergeben
- Nur Maschinen mit **Fehlerselbsterkennung (Autonomation**) verwenden

Die Autonome Qualitätssicherung führt dazu, dass bei jedem einzelnen Prozessschritt der gesamten logistischen Kette Fehler bereits am **Entstehungsort** entdeckt werden!

Mithilfe der oben beschriebenen **„autonomen Qualitäts-Regelkreise"** können dann alle aufgespürten Fehler unmittelbar am Arbeitsplatz und ohne Zeitverzögerung behoben werden!

Das Autonome Qualitätsmanagement ist somit in der Lage, das Qualitätsniveau praktisch ständig bei **Null-Fehler** zu halten!

7.7.1 Die QM-Matrix

Um Fehlermöglichkeiten einzudämmen, wird eine einfache Matrix mittels der beiden Parameter

- Fehlerentstehung verhindern
- Fehlerweitergabe verhindern

gebildet. Jeder Arbeitsschritt wird in diese QM-Matrix eingetragen und nach den beiden Kriterien „wie wird Entstehung verhindert" sowie „wie wird Weitergabe verhindern" bewertet.

Bei kritischen Bewertungen wird sofort versucht, eine Verschiebung zu einer unkritischeren Bewertung zu erreichen. Dabei werden verschiedene Maßnahmen, wie Poka-Yoke, intelligent gesteuerte Werkzeuge und Maschinen, verbesserte Arbeitsanweisung u. a. m. eingesetzt.

Toyota's QM-Matrix folgt dabei wiederum dem bewährtem Prinzip der doppelten Selbstkontrolle direkt am Entstehungsort des Fehlers.

7.8 Partnerschaft mit Lieferanten

Die volle **Integration der Zulieferanten** in das oben beschriebene Produktionssystem ist eine Voraussetzung für dessen Funktion und erfordert von den Zulieferanten eine grundlegende Umstellung. Fehlerfreie Teile in der richtigen Menge am richtigen Ort und zur richtigen Zeit zu liefern, kennzeichnen die Rahmenbedingungen.

Das Supply Chain Management legt zudem den Schwerpunkt auf die Anwendung bestimmter Techniken wie Kaizen-Workshops, Target Pricing, Lagerbestand-senkung etc. Außerdem wird die Zuliefer-Partnerbeziehung durch folgende sieben globale Merkmale beschrieben:

Merkmale einer Partnerschaft

- Kaizen und kontinuierliches Lernen
- gemeinsame Verbesserungsinitiativen
- Problemlösungsfähigkeiten, technisch-operative Exzellenz
- Mess- und Kontrollsysteme
- Informationsaustausch
- auf voneinander abhängige Prozesse und Strukturen achten
- gegenseitiges Verständnis und Vertrauen.

Um die Performance der Zulieferer zu messen, verwendet Toyota ein rigoroses System der Leistungsmessung aber auf fairer Basis, denn Zulieferer unter Druck zu setzen entspricht nach T. Ohno in keiner Weise dem Geist des TPS.

7.8.1 Systemlieferanten und „Hoflieferanten"

In Japan geht man hier den erfolgreichen Weg, mit Hochqualifizierten Zulieferanten, meist **Systemlieferanten**, auf Vertrauensbasis und gegenseitigem Austausch von Erfahrungen, Technologien, Methoden und Mitarbeitern langfristig zusammen zu arbeiten [15]. Auch Beteiligungen an den Systemlieferanten verstärkt die Bindung und Integration.

Eine derartige enge und vertrauensvolle Zusammenarbeit führt meist auch zu einer fruchtbaren Verflechtung von Know How, Kadern und Kapital.

Diese so genannten **Kyoryoku-Lieferanten** – was soviel wie Haus- und **Hoflieferanten** bedeutet – genießen entsprechendes Vertrauen und haben ein so hohes Zuverlässigkeitsniveau, dass sie von sich aus Vorschläge zur Vervollkommnung der Produkte und des Produktionssystems machen und nicht durch Anforderungen dazu gebracht werden müssen.

Hinzu kommt, dass Produktentwicklungen konsequent bis zu einem vollen Jahr vor Produktionsbeginn abgeschlossen werden und auf diese Weise Produktionsanläufe mit allen Zulieferteilen problemlos und ohne ständige, Entwicklungsbedingten Änderungen sorgfältig optimiert werden können.

Zulieferanten erhalten auch Unterstützung bei Qualitätsverbesserungs- und Kostensenkungsprogrammen und werden so zu vollwertigen **Mitgliedern der Unternehmensfamilie.**

Diese **Lieferantenbindung** wird von Toyota seit der Firmengründung systematisch gefördert. Die Zulieferkette bildet praktisch eine starke **Partnerorganisation** unter dem Dach der Toyota Zentrale und stellt eine der entscheidenden Erfolgsfaktoren dar.

Die Anerkennung der „Haus- und Hoflieferanten" als vollgültige Mitglieder der Unternehmensfamilie mit entsprechendem gegenseitigem Vertrauen und garantierter Dauerhaftigkeit der Geschäftsbeziehungen gehört mit zur **„Corporate Governance"** der Toyota-Gruppe.

7.9 Systematik der Produktionsschritte

In den vorausgegangenen Kapiteln über TPS sind die einzelnen Methoden, Ansätze und Verfahren beschrieben worden, die aber erst im systematischen Zusammenspiel ihre Wirksamkeit entfalten können!

Das Toyota-Produktionssystem umfasst demnach quasi als Leitfaden die folgenden Schritte, die untereinander in Beziehung stehen und als ganzes eine Systematik bilden:

- Nivellierung und **Glättung der Produktion**
- **Einzelstückfluss – One-piece-flow.** Bei der Fertigung eines Produktes schreiten alle Stationen gleichzeitig um eins weiter. Keine Losfertigung.
- **Fließfertigung in U-Anordnungen** zur Minimierung der Durchlaufzeit
- **Verkleinerung der Losgrößen** oder besser Losgröße 1, um die Flexibilität zu erhöhen
- **Produktion in Taktzeit** mit stündlichem Stückzahlenmanagement
- **Standardisierung der Arbeitsschritte** zur Verbesserung der Arbeit
- Produktqualität auf **Null-Fehlerniveau**: **Jidoka** durch Autonomation, Selbst-kontrolle, Poka-Yoke, Baka-Yoke, Andon-Signale
- **KANBAN und Pull-Prinzip** als umfassendes Steuerungskonzept auf Werkstattebene im Sinne einer Mindeststandorientierten Fertigungsdisposition (definierter workshopministock), die auch die Zulieferanten einbezieht
- **Das 5 S-Prinzip**, denn Ordnung und Sauberkeit sind die Grundlage der Arbeit.

Diese Schritte beeinflussen sich wechselseitig und können deshalb kaum einzeln und isoliert betrachtet und umgesetzt werden. Nur mit allen, auf einander abgestimmten Schritten kann eine Fertigung nachhaltig verändert, erfolgreich verbessert und zu einem optimal funktionierenden Produktionssystem umgestaltet werden.

7.10 Das TPS-Haus

Das Toyota Production System TPS stellt eine Revolution im Denken der Effizienzsteigerung durch Eliminieren von Verschwendung und Analyse der Prozesswertströme dar. Dieses System wurde auf alle Produktionsstätten Toyotas und nach und nach ebenso auf die Zulieferanten übertragen.

Um das Prinzip von TPS allen klar und verständlich zu vermitteln, hat Fujio Cho, ein Schüler von Taiichi Ohno als einfache Darstellung ein Haus – das **TPS-Haus** gewählt. Ein Haus hat eine stabile Struktur, die aber nur solange stabil bleibt, wie jedes ihrer wichtigen Elemente wie Fundament, tragende Wände, Dach und inneres Mauerwerk (Zentrum) stabil sind.

Damit ist bildlich ausgedrückt, dass **TPS nur als Ganzes** funktionieren kann und es wenig sinnvoll wäre, einzelne Methoden und Strategien herauszulösen und isoliert zu betrachten oder einzusetzen.

Bild 7-13: Das Toyota Produktionssystem – TPS-Haus [5]

Die Prinzipien und Kernelemente von TPS werden also schematisch einem Haus nachempfunden. Dieses TPS-Haus ist in seinen Elementen vergleichbar mit den weiter oben in Kapitel 7.2 dargestellten „Säulen von TPS".

Die Elemente der TPS-Hauses wie das Dach, die tragende Außenwände, Zentrum und Fundament sind nachstehend aufgeführt und erläutert:

Das TPS-Haus

- **Dach:** Die Ziele von TPS: beste Qualität zu niedrigsten Kosten, die hauptsächlich durch Eliminieren nicht werthaltiger Elemente erreicht werden.
- **Tragende Außenwände: Just-in-Time** mit Pull-System, Taktzeit und One-Piece-Flow auf der einen Seite und **Jidoka** – d. h. ein Fehler wird niemals bis zum nächsten Prozessschritt mitgeschleppt; sonst Produktionsstopp **Andon** – auf der anderen Seite.
- **Zentrum:** Teamwork, kontinuierliche Verbesserung, Eliminieren nicht werthaltiger Elemente, Problemlösungen an der Wurzel, Wertstromanalyse.
- **Fundament:** Produktionsnivellierung; Produktmix; standardisierte Prozesse. Unternehmensphilosophie

Die Fokussierung des Toyota-Produktions-Systems TPS richtet sich stets auf

QCDSM: Quality, Cost, Delivery, Safety, Moral

und damit auf Produktivität, optimale Flächennutzung und Lagerumschlag sowie Pull-System, Arbeitssicherheit und Arbeitsmoral.

7.11 Total TPS

In den letzten Jahren hat Toyota sein TPS durch folgende Zusatzaktivitäten zum Total TPS aufgewertet, um den Kunden noch mehr attraktive Qualität bieten zu können:

- Ausweitung der TPS-Aktivitäten auf **alle Geschäftsprozesse**
- JISHUKEN, regelmäßige **Produktionsbesprechungen**
- **QF-Quickening the factory** durch mehr Mitbestimmung, Motivation und Mitarbeiterentwicklung.

Total TPS gewährleistet konsistente Qualitätssicherungsaktivitäten von der Entwicklungs- bis zur Produktionsphase.

7.11.1 Quickening the factory

Um die Fähigkeiten aller Mitarbeiter zu wecken, zur Entfaltung zu bringen und kontinuierliches KAIZEN zu ermöglichen, werden bei Toyota eine Reihe von Aktivitäten besonders intensiviert und unter „Quickening the factory" zusammengefasst.

„Quickening the factory"

1. Quality Circle-Aktivitäten steigern, Probleme im Arbeitsbereich beseitigen
2. Mehrfachqualifikation durch Schulung und Jobrotation
3. Vorschlagswesen intensivieren
4. JISHUKEN - Produktionsbesprechungen
5. Erhöhung der Arbeitssicherheit
6. Autonome Instandhaltung, 5 S intensivieren; Disziplin am Arbeitsplatz
7. Mitbestimmung, Motivation, Personalentwicklung
8. Sozialeinrichtungen vervollkommnen

Alle Führungskräfte bis zur unteren shop floor Ebene sind angehalten, ein Umfeld zu schaffe, in dem Qualität Sinn und Freude macht.

7.12 Die 14 Prinzipien des Toyota-Weges

Der Toyota-Weg wird durch 14 Management-Prinzipien beschrieben und festgelegt. Teilweise ist dabei eine gewisse Ähnlichkeit mit den 14 Management-Prinzipien von W. Edwards Deming erkennbar [18].

Die 14 Prinzipien des Toyota Erfolgsweges wurden von J.K. Liker [5] wegen der besseren Übersichtlichkeit in vier Kategorien zusammengefasst:

- Langfristige Philosophie
- richtige Prozessführung
- Mitarbeiter- und Partnerentwicklung
- gründliche Problemursachenlösung.

Davon wurde – entsprechend der Anfangsbuchstaben der vier Kategorien – das sogenannte **„4 P"-Modell** von TPS abgeleitet, das in Bild 7-14 dargestellt ist.

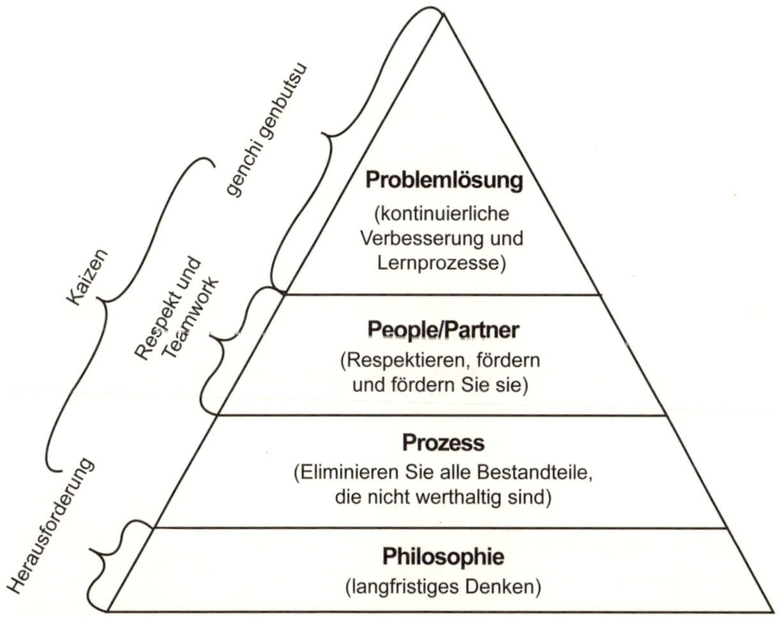

Quelle: J. K. Liker, Der Toyota Weg

Bild 7-14: Das „4 P"-Modell der Toyota-Methode

In dieser pyramidenartigen Darstellung ist wiederum die Unternehmensphilosophie und das langfristige Denken das breite, tragende Element.

Bei TPS und dem Toyota-Weg handelt es sich um ein System, das darauf ausgerichtet ist, Menschen die Werkzeuge in die Hand zu geben, mit denen sie ihre Arbeit kontinuierlich verbessern können. Es handelt sich dabei mehr um eine Kultur als um einen Werkzeugkasten voll Techniken zur Prozessoptimierung und Effizienzsteigerung.

Nur so können die **14 Prinzipien des Toyota Weges** gesehen und verstanden werden:

- Kontinuierliches unternehmensweites Lernen durch Kaizen.
- Machen Sie sich selbst ein Bild von der Situation, um sie umfassend zu verstehen (genchi genbutsu)!
- Treffen Sie Entscheidungen langsam und durch Konsenserzielung, indem Sie alle Optionen gründlich abwägen, und setzen Sie sie dann schnell um!
- Ziehen Sie Führungskräfte heran, die die Philosophie vorleben!
- Respektieren, entwickeln und fordern Sie ihre Mitarbeiter und Teams!
- Respektieren, forden und unterstützen Sie Ihre Zulieferer!
- Schaffen Sie fließende Prozesse, um Probleme zu Tage zu fördern!
- Verwenden Sie Pull-Systeme, um Überproduktion zu vermeiden!
- Sorgen Sie für eine gleichmäßige Produktionsauslastung (heijunka)!
- Unterbrechen Sie die Produktion, wenn ein Qualitätsproblem auftaucht (jidoka)!
- Standardisieren Sie die Arbeitsschritte für eine kontinuierliche Verbesserung!
- Nutzen Sie visuelle Kontrollen, damit kein Problem verborgen bleibt!
- Verwenden Sie ausschließlich zuverlässige und gründlich getestete Technologien!
- Gründen Sie Managemententscheidungen auf eine langfristige Philosophie, selbst wenn das auf Kosten kurzfristiger Gewinnziele geht!

7.12.1 Langfristige Philosophie

1. **Prinzip: Eine langfristige Philosophie soll die Grundlage der Managemententscheidungen sein.**

   Selbst wenn dies zu Lasten kurzfristiger Gewinnziele geht. Der Ausgangspunkt ist, Werte für Kunden, Gesellschaft und Wirtschaft zu generieren und diese Fähigkeit, Mehrwert zu generieren ständig zu verbessern.

7.12.2 Der richtige Prozess

2. **Prinzip: Für kontinuierlich fließende Prozesse sorgen, um Probleme ans Licht zu bringen.**

   Der Prozessfluss soll sich schnell und kontinuierlich bewegen. Fluss ist der Schlüssel zu kontinuierlicher Verbesserung und zum Erkennen von Leerlauf und Verschwendung.

3. **Prinzip: Pull-Systeme einsetzen, Überproduktion vermeiden.**

   Verbrauchsgesteuerter Materialnachschub ist das Grundprinzip von Just-In-Time. Auf die täglich wechselnde Kundennachfrage flexibel reagieren.

4. **Prinzip: Eine ausgeglichene Produktionsauslastung (heijunka).**

   Darauf hinarbeiten, die Arbeitsbelastung aller Fertigungs- und Dienstleistungsprozesse möglichst gleichmäßig zu verteilen, um Belastungsspitzen und Leerlauf zu vermeiden. Das

Ausbalancieren ungleichmäßiger Produktionspläne ist ein wichtiges Element erfolgreicher, schlanker Produktion.

5. **Prinzip: Qualität auf Anhieb erzeugen ohne notwendige Nachbesserung (Jidoka).**

   Selbstgesteuerte Fehlererkennung ist die Grundlage prozessimmanenter Qualität. Automatische und visuelle Systeme (andon) müssen Probleme anzeigen, die sofortige Problemerkennungs- und -Lösungsmaßnahmen auslösen.

6. **Prinzip: Standardisieren der Arbeitsschritte.**

   Sie sind die Grundlage für kontinuierliche Verbesserung und die Übertragung von Verantwortung auf die Mitarbeiter. Die kumulierten Lernerfahrungen festhalten und als **Best Practice** zum Standard erheben

7. **Prinzip: Visuelle Kontrollen einsetzen.**

   Einfache, visuelle Signalgeber an den einzelnen Arbeitsstationen einsetzen, um Anomalien anzuzeigen, die vom Standard abweichen.

8. **Prinzip: Zuverlässige, erprobte Technologien verwenden.**

   Ein bewährter Prozess, der zuverlässig funktioniert, ist einer neuen ungetesteten Technologie vorzuziehen. Neue Technologien müssen sorgfältig getestet werden und nur dann zum Einsatz kommen, wenn sie den Prozessfluss verbessern.

7.12.3 Mitarbeiter und Geschäftspartner

9. **Prinzip: Führungskräfte entwickeln.**

   Sie sollen alle Arbeitsabläufe genau kennen und die Unternehmensphilosophie vorleben und anderen vermitteln. Diese Führungskräfte sollen möglichst aus den eigenen Reihen kommen.

10. **Prinzip: Mitarbeiter und Teams entwickeln.**

    Überdurchschnittlich gute Mitarbeiter und Teams sollen weiter geschult und qualifiziert werden, um außergewöhnliche Ergebnisse zu erzielen. Die Teams sollen in der Lage sein, schwierige technische Probleme eigenverantwortlich zu lösen und die Qualität und Produktivität zu verbessern.

11. **Prinzip: Geschäftspartner und Zulieferer respektieren, fordern und unterstützen.**

    Sie sind ein verlängerte Arm des Unternehmens und sollen wachsen und sich weiter entwickeln. Den Geschäftspartner anspruchsvolle Ziele setzen und sie dabei unterstützen, diese Ziele zu erreichen.

7.12.4 Lösung der Problemursachen

12. **Prinzip: Sich selbst ein Bild von der Problemsituation machen (genchi genbutsu).**

    Sich persönlich vor Ort von Problemen überzeugen, statt durch Informationen aus zweiter Hand. Auch Topmanager sollen Angaben persönlich überprüfen, damit sie die Situation umfassend verstehen.

13. **Prinzip: Entscheidungen mit Bedacht und nach dem Konsensprinzip treffen.**

Alle Alternativen sorgfältig abwägen und dann die getroffene Entscheidung zügig umsetzen. Probleme und Ideen mit allen Betroffenen konsensorientiert diskutieren, um mehr Lösungswege zu finden.

14. **Prinzip: Durch kontinuierliche Verbesserung (KAIZEN) zur lernenden Organisation.**

Verschwendung sichtbar machen und die Mitarbeiter veranlassen, die Prozesse kontinuierlich zu verbessern, um die Verschwendung zu beseitigen. Die ständige Verbesserung als Lernprozess betrachten und die beste Praxis zum Standard erheben. Das Wissen durch eine stabile Belegschaft und interne Führungsauswahl bewahren.

Unternehmen, die diese Prinzipien des Toyota-Weges richtig anwenden, werden einen nachhaltigen Wettbewerbsvorteil haben.

7.13 Unternehmensethik

7.13.1 Ethikwerte

Toyota hat stets besondere Anstrengungen unternommen, dem Unternehmen und allen Mitarbeitern eine **ethische Leitlinie** vorzugeben. Das ist nicht zuletzt auf die bis heute im Unternehmen tätige Gründerfamilie *Toyoda* zurückzuführen.

Toyotas Ethikwerte

- Fleiß und Sparsamkeit
- Disziplin und Gehorsam
- Bescheidenheit und Genügsamkeit
- Selbstvertrauen und Mut
- Geduld und Beharrlichkeit
- Respekt und Achtung vor Menschen und materiellen Ressourcen
- Kreativität und Verantwortung
- Vertrauen und Ehrlichkeit

Toyota sieht sich selber in der vollen Verantwortung gegenüber seinen Kunden, Mitarbeitern, Aktionären und der Gesellschaft. Daraus ist über Jahrzehnte eine unverwechselbare *Unternehmensphilosophie* geworden:

„Tue stets das Richtige für das Unternehmen, die Angestellten, die Kunden und die Gesellschaft als Ganzes“

Die durchgängige Umsetzung einer ethisch fundierten Unternehmenskultur wird mit zunehmender Unternehmensgröße immer schwieriger. Toyota gelingt es aber trotz starken Wachstums die Corporate Governance vor allem durch Disziplin, Respekt, Wertschätzung und gegenseitige Kontrolle der Führungsgremien sicher zu stellen.

Dieses Wertegerüst bildet die ethische Grundlage, auf welcher der langjährige, ungebrochene Aufstieg Toyotas beruht [6]. Die Aufgabe der Führung besteht vorrangig darin, die Fähigkeiten der Mitarbeiter und damit deren Motivation zu steigern. Die in der obigen Listen aufgeführten, gelebten Werte sind die unsichtbare Ursache für den Erfolg von Toyota.

7.13.2 Gesellschaftsbezug und langfristiges Denken

Toyota versteht sich als „Corporate Citizen" und ist sich so als „Integrierter Bürger" seiner Verantwortung gegenüber der jeweiligen Gesellschaft voll bewusst. Das gilt nicht nur für Japan sondern für alle Standorte in der Welt. Das *Unternehmensmotto des 21. Jh.* lautet:

LEIDENSCHAFTLICH AN EINER BESSEREN GESELLSCHAFT ARBEITEN!

Im Mittelpunkt steht immer die Verantwortung für Mitarbeiter, Kunden, Gesellschaft und Shareholder. Ein kurzfristiges Handeln, bloß um die Anteilseigener zu befriedigen, gibt es nicht. Bei der Gewinnverwendung haben **Investitionen** Priorität. Es gilt der Grundsatz:

„BEHALTE DIE OBERHAND IM INVESTITIONSWETTBEWERB!"

Die Mitarbeiter lernen an allen Standorten von den **Sensei** - den Mentoren und Wächtern -, die Philosophie von Toyota zu verinnerlichen. Es wird streng darauf geachtet, dass **die tradierten Werte** eingehalten und weiter gepflegt werden.

Es werden nicht kurzfristige sondern langfristige Unternehmensgewinne in den Vordergrund gestellt. Der Beitrag für die Gesellschaft und das soziale Umfeld wird dabei als Gewinn gewertet.

Eine wichtige Rolle spielt auch die traditionelle Zweiteilung der Unternehmenskontrolle in Kapitaleigner/Geber auf der einen Seite und Management/Arbeiter auf der anderen. Diese gegenseitige Kontrolle in Verbindung mit hoher Disziplin verhindert Abweichungen von den Leitgedanken und langfristigen Zielen des Unternehmens.

7.13.3 Die Gründerfamilie Toyoda

Seit der Firmengründung 1937 waren immer wieder Familienmitglieder der Gründerfamilie Toyoda auf dem Chefsessel von Toyota Motor Corporation TMC. Insgesamt fünf von zehn Präsidenten wurden von der Familie Toyoda gestellt.

Weitere Familienmitglieder sind darüber hinaus im ganzen Konzern als CEO von Tochtergesellschaften präsent.

Der heutige Präsident Akio Toyoda (Enkel der Firmengründers) setzt somit die Familientradition fort.

Der Führungspersönlichkeiten der Familie Toyoda wird nachgesagt, sie seien von „unbeugsamem Geist"!

Offenbar sind Eigentümer oder Familiengeführte Unternehmen mit straffer, werteorientierter Führung und hohem Interesse an langfristigen Erfolgen, Aktiengesellschaften überlegen. Sie sind von ausgeprägter Kontinuität gekennzeichnet, haben bessere Überlebenschancen und geringere Anfälligkeit für feindliche Übernahmen.

Toyota wird seit vier Generationen nach strengen, ethischen Grundprinzipien geführt. In der Gründerfamilie selbst herrschen starke moralische Normen, die sich auf Mitarbeiter und Geschäftspartner auswirken.

Familientradition und -stolz dürften ein wichtiger Faktor des starken Zusammenhalts in der gesamten Unternehmensgruppe sein.

7.14 Zusammenfassende Betrachtung des TPS

TPS ist eine evolutionäre, konsistente Denkweise und eine umfassende Managementphilosophie auf ethischer Wertebasis. Es ist ein Rahmen für Teamwork und ständige Verbesserung und eine nie endende Suche nach noch besseren Wegen.

TPS erfordert eine prozessorientierte, disziplinierte Arbeitsumgebung, um prozessimmanente Qualität in allen Bereichen mit Fokus auf umfassende Kundenzufriedenheit zu realisieren.

TPS ist kein Erfolgsrezept, das sich als Managementprojekt kurzfristig einführen lässt. Es ist vielmehr eine über Jahrzehnte gewachsene Unternehmenskultur, die Toyota auch im Ausland erfolgreich praktiziert, jedoch stets unter Anpassung an die lokalen Gegebenheiten.

Eine besonderes Unterscheidungsmerkmal zu anderen, ähnlich gemanagten Unternehmen dürfte bei Toyota auch die signifikant bessere Qualifizierung und Motivierung der unteren Führungsebene bis zum Shopfloor sein.

Um ein Unternehmen auf ähnliche Weise in eine schlanke, effiziente Organisation zu transformieren, ist es notwendig, sich auf die eigenen Wurzeln zu besinnen und einen eigenen Weg zu finden. Dabei können TPS-Elemente wie Wertstromanalyse, Verschlankung, KAIZEN-Workshops, Just-in-Time, One-piece-flow-Zellen sehr hilfreich sein. Sie reichen aber alleine nicht aus!

Wichtig ist es, eine eigene Version der Prinzipien des Toyota-Weges zu entwickeln und als Strategie operativer Exzellenz behutsam und mit langfristigem Engagement einzusetzen!

Im Wesentlichen gilt nach wie vor der Kernsatz von KAIZEN, den **Kiichiro Toyoda**, Gründer von Toyota bereits 1933 mit Beginn der Autoproduktion bei Toyota als Motto formuliert hat: *„Wir arbeiten durch tägliche Verbesserungen an immer besseren Produkten."*

engineering changes the world
and makes future happen

8 GD³ – Lean Development Produktentwicklung in Japan

8.1 Lean Development LD und Mizenboushi

Das japanische Engineering arbeitet nach den Grundsätzen des **Lean Development LD** und des Konzeptes der vorbeugenden Maßnahmen zur Fehlervermeidung **Mizenboushi**. Ziel von Mizenboushi ist es, Schwierigkeiten und Probleme zu verhindern, bevor sie entstehen und damit Kosten und Zeit zu sparen [26].

Engineering Grundsätze von Lean Development (LD)

1. Kundenanforderungen optimal verwirklichen (QFD)
2. **Fehlerentstehung von vornherein verhindern – Mizenboushi**
3. **Fehlerweitergabe ausschließen**
4. Time-to-market Ziel einhalten oder unterschreiten
5. Design-to-cost oder Target costing Ziel einhalten oder unterschreiten
6. Design-to-Manufacturing; herstellungsfreundliche Produktentwicklung
7. Lean Management Grundsätze durchgehend befolgen

Auf diese Weise soll erreicht werden, dass ein kundenoptimales, herstellungsfreundliches, preiswertes Produkt schneller, besser, zuverlässiger und kostengünstiger als ein Konkurrenzprodukt auf den Markt kommt.

Diese Vorgehensweise wird in Anlehnung an die bekannten Grundsätze des Lean Production Management LPM als **Lean Development LD** bezeichnet. Mit Lean Development soll sichergestellt werden, dass die Gestaltung der Entwicklungsprozesse nach den Grundsätzen des Lean Management erfolgen und insbesondere Null-Fehler Prozesse und One-Piece-Flow-Prozesse gewährleistet werden können.

Gleichzeitig gilt das Prinzip der **Simultanen Entwicklung**, also der Durchführung des Entwicklungsprozesses im Simultaneous Engineering aller Experten, die an der Produktentwicklung beteiligt sind.

Dazu arbeitet der projektverantwortliche Chefingenieur mit seinem Team aus dem Design-, Test- und Fertigungsbereich in einem so genannten „großen Raum" - **Obeya** genannt - zusammen.

Obeya dient zur Optimierung von Information und Entscheidungsfindung und stärkt den Teamgeist, das Time-to-Target Management und die Zielidentifizierung.

8.2 Das GD³-Konzept

GD³ - **GD-Cube** genannt - basiert auf dem wichtigen Grundgedanken der präventiven Fehlervermeidung **Mizenboushi,** einer Methodik, die von Prof. Tatsuhiko Yoshimura bei Toyota entwickelt wurde und auch Design Review based on Failure Modes, DRBFM beinhaltet.

Dahinter verbirgt sich die Weiterführung der KAIZEN-Idee der Prozessimmanenten Qualität. Qualität entsteht im Prozess; hier also im Entwicklungsprozess gleich von der ersten Produktidee an! Fehlermöglichkeiten werden bereits während der Entwicklungsphasen identifiziert und besonders **Schnittstellen** des Produktentwicklungsprozesses **PEP** zusätzlich optimiert.

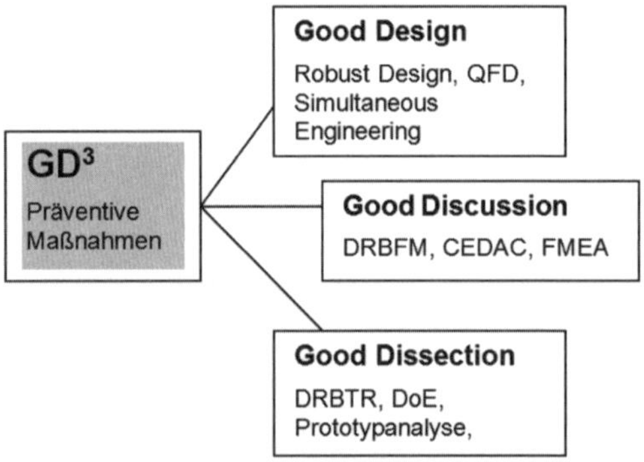

Bild 8-1: Das GD³-Konzept

GD³ steht für Good Design, Good Discussion, Good Dissection und diese drei werden wie folgt interpretiert:

Good Design

bedeutet **robustes** Design, das gegen Parameterschwankungen unempfindlich ist, so wie es Genichi Taguchi empfiehlt (s. 3.5.3):

- Möglichst bewährte, **robuste Komponenten** verwenden
- Komponenten **gegen Störeinflüsse unempfindlich** machen
- mögliche versteckte **Problemursachen eliminieren**
- **Schnittstellen analysieren**

Kundenorientiertes Design mittels **Quality Funtion Deployment QFD**

Good Discussion

wird im Wesentlichen durch den **Obeya**, dem „großen Raum“, in dem alle mit dem Projekt involvierten Ingenieure zusammenarbeiten, sowie den Methoden des **Design Review based on Failure Modes DRBFM** gewährleistet. Das bedeutet: zum Zeitpunkt eines DRBFM Meetings ist bereits eine FMEA erstellt worden und kann als Basis für die *Discussion* dienen.

Es werden Lösungen **bereichsübergreifend** erarbeitet. Das führt zu einer ständigen Anpassung und Verbesserung der Produkte und Produktionsmittel.

Good Dissection

wird durch Evaluierungsverfahren bei Neuentwicklungen oder Änderungen realisiert. Hierbei werden vorrangig Zuverlässigkeitstests und Prototypenanalysen im **Design Review based on Test Results DRBTR** durchgeführt.

Damit werden die Produktzuverlässigkeit und kritische Schnittstellen innerhalb des **PEP** sorgfältig durch **Quality Gates** überprüft und optimiert.

8.2.1 Die Aufgaben und Ziele des GD³-Konzeptes

Die Philosophie hinter dem Konzept GD-Cube und DRBFM/DRBTR ist die absolute Fehlervermeidung durch *Good Design*. Es wird dafür gesorgt, dass Produkte nach Weiterentwicklungen oder Änderungen ihre hohe Qualität beibehalten. Folgende Aufgaben stellen sich:

- **Problemfelder** suchen und **beseitigen**
- **möglichst viele bewährte Komponenten einsetzen**
- **Änderungen minimieren**
- **Schnittstellen** durchleuchten und **vereinfachen**
- **Informationen verdichten**
- möglichst viele **robuste Komponenten** verwenden
- die Verfügbarkeit **bewährter Varianten** transparent machen und
- **Fehler präventiv vermeiden.**

Auslöser für GD-Cube sind alle Produkt- und Herstellungsprozessänderungen; eingeschlossen Zukaufteiländerungen. Die Vorgehensweise beginnt in der Regel mit einer FMEA, dann einer Einflussanalyse externer Faktoren und schließlich folgen das kreative, ideenreiche Design Review und die Maßnahmenverfolgung.

Die Test- und Prototypphase mit einem neuerlichen Design Review schließt den GD-Cube Prozess ab und führt zur Designfreigabe.

8.3 Simultaneous Engineering

Durchgehendes Teamwork und Gruppenarbeit zeichnen alle Prozesse, insbesondere den Produktentwicklungsprozess aus!

Obey, der „große Raum" und das **GD³-Konzept** machen bereits deutlich, dass Simultaneous Engineering, also das unmittelbare Zusammenwirken aller an der Produktentwicklung beteiligten Spezialisten eine zentrale Bedeutung zukommt.

Eine Reihe von Schlüsseltechniken und Methoden werden grundsätzlich in solchen interfunktionalen Teams durchgeführt und daraus gemeinsam die weiteren Schritte und Entscheidungen abgeleitet.

Zu diesen Methoden gehören in erster Linie

- Quality Function Deployment QFD (Prof. Akao)
- Design Review based on Failure Mode DRBFM (Prof. Yoshimura)
- Cause and Effect Diagram with Additional Cards CEDAC (Prof. Fukuda)
- Design of Experiments DOE (G. Taguchi).

Zu bemerken ist, dass die Grundstruktur dieser Methoden zum Großteil auf einfachen Elementen aus KAIZEN wie Q7, M7, 6 W beruhen.

Ein weiteres Schlüsselelement zur fehlerfreien Absicherung des PEP stellen Quality Gates dar. Diese **Quality Gates** werden bei neuralgischen Punkten des PEP angeordnet, um die Zielerreichung sicherzustellen und zu dokumentieren. Der Focus liegt besonders auf kritischen Informations- und Synchronisationsbereichen (Schnittstellen) im PEP!

8.4 Quality Function Deployment – QFD

8.4.1 QFD-Geschichte

Das Konzept von QFD wurde 1966 von **Prof. Yoji Akao** als Rahmenwerk für die Produktentwicklungsprozesse unter ständiger Berücksichtigung der Kundenorientierung entwickelt. Der Anwendungsdurchbruch im großen Stil gelang 1972 auf den Mitsubishi-Werften bei der Realisierung eines Auftrages für Kriegsschiffe.

1974 begann Toyota mit der Anwendung und Weiterentwicklung von QFD für die Transporterbaureihe und konnte damit Anlaufkosten und Änderungsaufwand um 50 % senken. Der Lexus ist eine spätere QFD-Entwicklung von Toyota.

Nach Europa kam QFD über den Umweg des American Supplier Institut ASI erst Mitte der 80er Jahre.

In Deutschland hat sich das TQU in Ulm für die Weiterentwicklung von QFD verdient gemacht. Seit 1996 gibt es das **„QFD Institut Deutschland QFD-ID“,** das sich mit der Verbreitung von QFD im deutschsprachigen Raum befasst.

8.4.2 QFD-Ansatz

QFD ist eine Methode zur kundenorientierten, qualitätsgerechten Produkt- und Prozessentwicklung. Sie übersetzt die vom Markt gestellten Anforderungen und Qualitätserwartungen in die Sprache des Unternehmens.

Da QFD alle kritischen Punkte, Zielkonflikte, Schwachstellen und Risikofaktoren sichtbar macht, kann genau dort sofort mit geeigneten *präventiven Methoden*, wie

- Fehler-Möglichkeits- und Einfluss-Analyse FMEA
- Fehlerbaumanalyse
- Zuverlässigkeitsanalyse
- statistische Versuchsplanung

angesetzt werden (Bild 8-2).

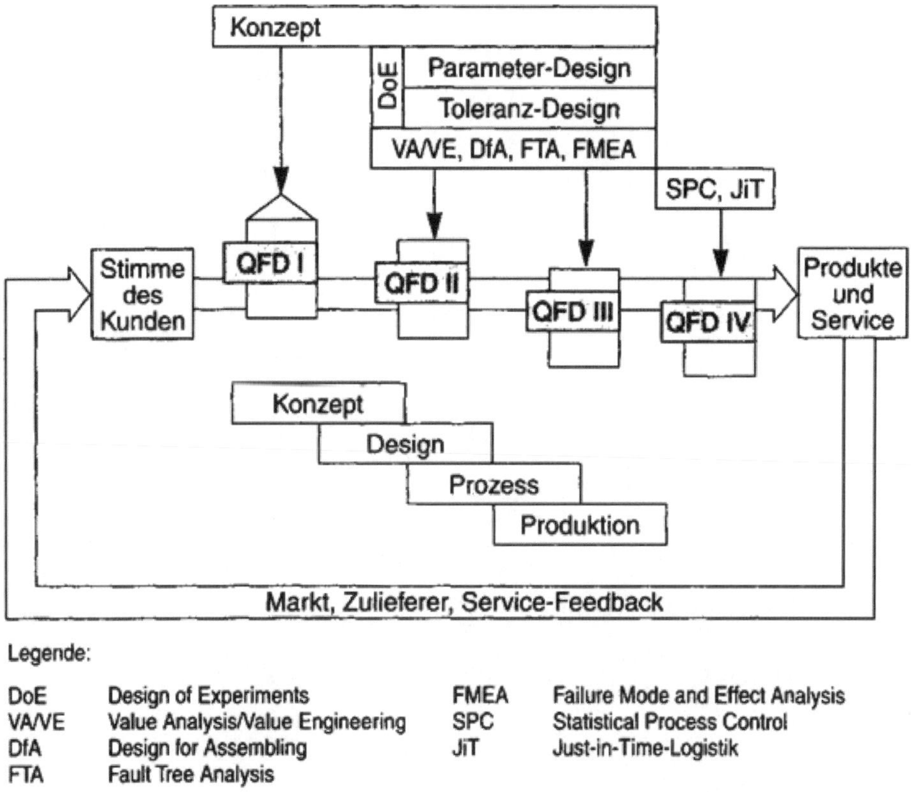

Bild 8-2: Die vier von QFD begleiteten Produktentwicklungsstufen

Das führt zur Erarbeitung optimaler Detaillösungen und schließlich zur Gestaltung eines robusten Produktes, wie es der Markt verlangt.

Die QFD-Produktplanungsmatrix dient dabei als Übersichtsplan und nachvollziehbare Dokumentation für das ganze Projekt.

8.4.3 QFD-Ablauf

Es hat sich die nachfolgend beschriebene Vorgehensweise bei der Durchführung der QFD I Produktplanung bewährt. Bild 8-3 zeigt hierzu das Schema.

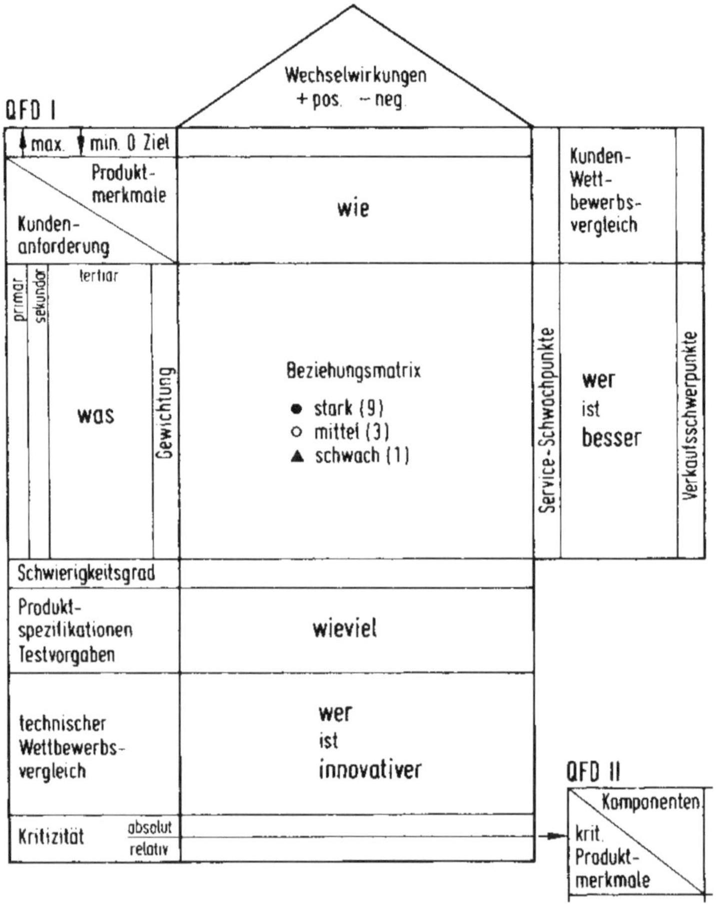

Bild 8-3: Schema von QFD I Produktplanung

Vorgehen bei QFD I:

1 *Organisation:*
Es wird ein funktionsübergreifendes QFD-Team gebildet und ein Moderator bestimmt.

2 *Kundenanforderungen (was):*
Die von der Marktforschung erfassten Kundenanforderungen werden vom QFD-Team gesichtet, ergänzt und konsolidiert. Danach erfolgt eine *Gewichtung (1–5)* der Kundenanforderung.

3 *Kunden-Wettbewerbsvergleich (wer ist besser):*
Gibt es im Unternehmen bereits ein ähnliches Produkt, so wird auf dessen Basis ein Vergleich mit den wichtigsten Wettbewerbern *(benchmarking)* bezüglich der Erfüllung der Kun-

denanforderungen aus Kundensicht durchgeführt, und es werden künftige Verkaufsschwerpunkte festgelegt.

4 *Produktmerkmale (wie):*
Die Kundenanforderungen werden in technische Produktmerkmale anforderungsgerecht und quantifizierbar „übersetzt".

5 *Wechselwirkungen:*
Die positiven und negativen Wechselwirkungen zwischen den Produktmerkmalen werden im oberen Dreieck durch + und – aufgezeigt.

6 *Beziehungsmatrix:*
Es wird systematisch untersucht, wie stark jedes Produktmerkmal die einzelnen Kundenanforderungen beeinflusst. Die Stärke der Beziehung wird durch Symbole oder durch Zahlen ausgedrückt.

- Keine Beziehung: kein Eintrag
- schwache Beziehung: 1
- mittlere Beziehung: 2 oder
- starke Beziehung: 3 oder 5.

7 *Produktspezifikationen (wie viel):*
Die Produktmerkmale werden durch Festlegung quantifizierter *Zielwerte* und Messkriterien näher bestimmt. Eine Orientierung hierfür wird vorher schon in der Zeile „Optimierungsrichtung" durch Symbole für Minimum, Maximum oder Zielwert gegeben.

8 *Technischer Wettbewerbsvergleich (wer ist innovativer):*
Hier wird aus Herstellersicht ein Vergleich mit den Konkurrenzprodukten in Bezug auf die Überlegenheit erreichter technischer Spezifikationswerte angestellt.

9 *Technische Bedeutung (Kritizität)*
Auf der Basis der Werte in der Beziehungsmatrix werden die Produktmerkmale bezüglich ihrer Bedeutung für die Erfüllung der Kundenanforderungen bewertet. In jeder Produktmerkmalspalte wird jeder einzelne eingetragene Beziehungswert mit der jeweiligen Kundenanforderungsgewichtung multipliziert und die so erhaltenen Zahlen in der Spalte summiert. Die jeweilige Spaltensumme ergibt die technische Bedeutung des Produktmerkmales.

10 *Schwierigkeitsgrad:*
Die technische und organisatorische Schwierigkeit der Realisierbarkeit der Produktmerkmale wird durch Zahlen 1–10 ausgedrückt.

11 *Kritischer Pfad:*
Hohe technische Bedeutung, hoher Schwierigkeitsgrad, negative Wechselwirkungen mit anderen Produktmerkmalen sowie bessere, innovativere Lösungen der Konkurrenz bilden den *kritischen Pfad*. Die sich daraus ergebenden Kritizitäten und Risiken sollen möglichst frühzeitig durch die Anwendung präventiver Qualitätstechniken (FMEA. FTA, DoE) verringert bzw. durch die Anwendung von TRIZ einer innovativen Lösung zugeführt werden.

12 *Übergang zu QFD II Teileplanung:*
Schwierige, wichtige und vollkommen neue Produktmerkmale werden in die QFD II übernommen (was) und über geeignete Komponenten- und Teilecharakteristiken bzw. Konstruktionsmerkmalen (wie) einer konstruktiven Lösung zugeführt.

8.4.5 QFD-Praxis

Die Ableitung aller Produktplanungsschritte von den echten Kundenerwartungen bringt den entscheidenden Vorteil, nicht am Markt vorbeizuentwickeln. Gleichzeitig zwingt QFD das Produktplanungsteam dazu, wichtige und schwierige Probleme zu markieren und zuerst zu lösen. Da durch QFD alle Zielkonflikte, Schwachstellen und Risikofaktoren sichtbar gemacht werden, kann genau dort sofort mit geeigneten präventiven Maßnahmen angesetzt werden.

Bild 8-4 zeigt die wichtigsten Problemlösungsmethoden, die dabei zur Anwendung kommen können, bevor auf QFD II übergegangen wird.

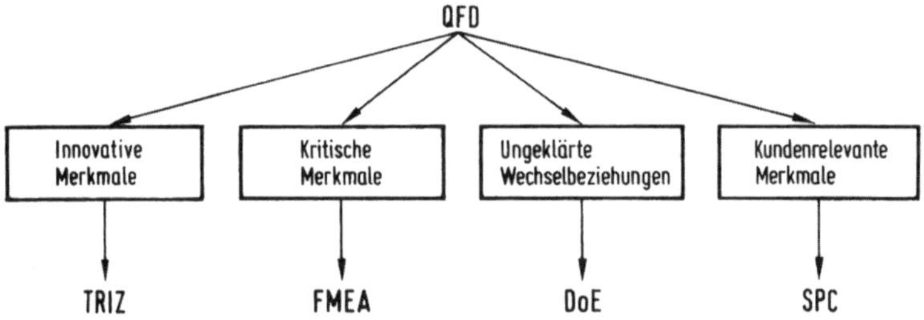

Bild 8-4: Weiterbearbeitung der durch QFD aufgezeigten Probleme

Besonders wichtige, schwierige und neue Produktmerkmale werden in QFD II Teileplanung weiterbehandelt.

Die Realisierung schwieriger und neuer Teile findet in QFD III Prozessplanung Berücksichtigung und schließlich werden kritische Prozessmerkmale in QFD IV Produktionsplanung bearbeitet. Die Schritte QFD I – IV nennt man auch **QFD-Kaskade** (Bild 8-5).

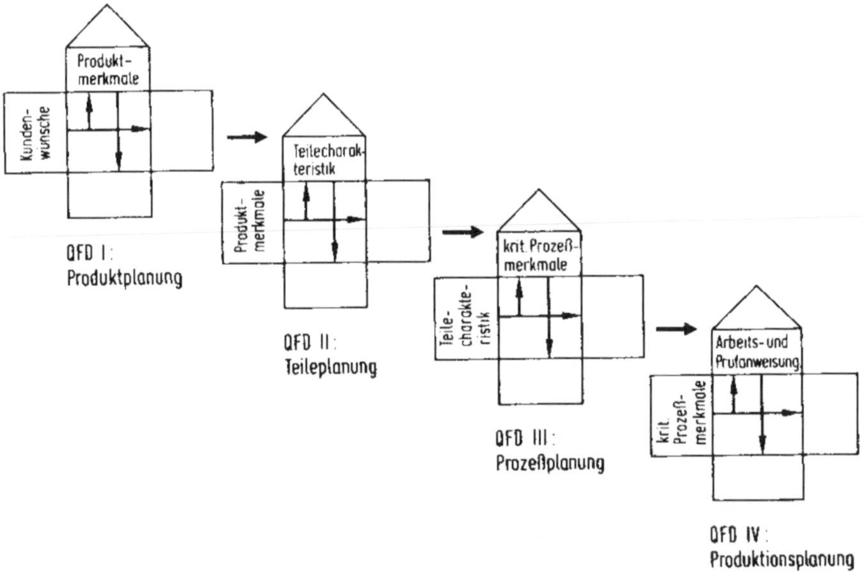

Bild 8-5: QFD-Kaskadenplan

Die praktische Arbeit mit QFD soll am besten an einem Beispiel verdeutlicht werden. Bild 8-6 stellt eine komplette QFD I für ein Wälzlager dar, bei welchem die Lebensdauer gemäß technischem Konkurrenzvergleich die Kunden nicht befriedigt.

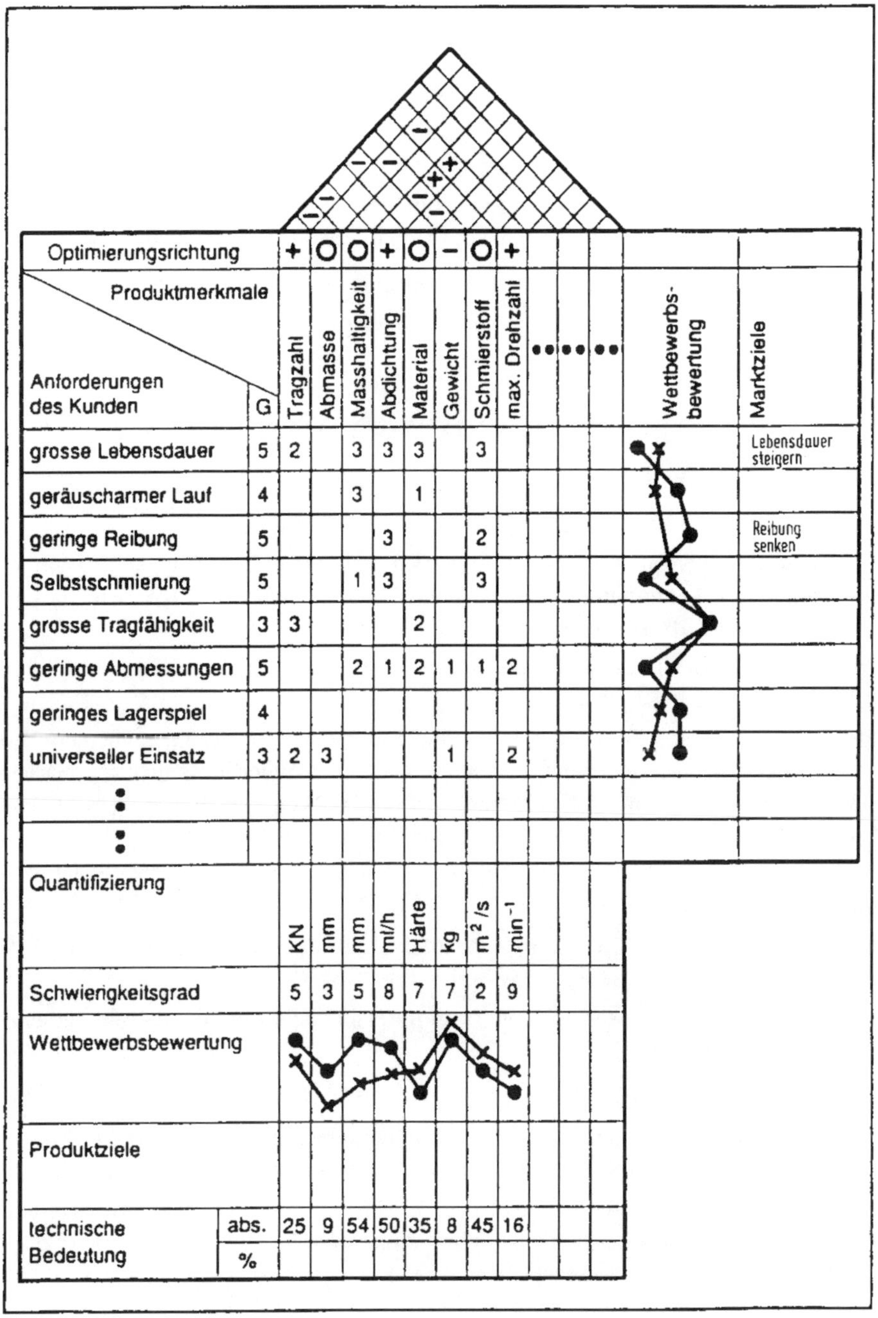

Bild 8-6: QFD I für ein Wälzlager

QFD kann den Zeit- und Kostenaufwand bei der Produktentwicklung reduzieren helfen und die Qualität als Summe der Kundenwünsche in den Mittelpunkt stellen. Es ist allerdings notwendig, QFD mit anderen Methoden wie

- TRIZ
- FMEA
- DOE
- Zuverlässigkeitsanalyse RAMS und
- DRBFM (Kap. 8-5)

zu einem abgerundeten Methodensystem zu verknüpfen. Welche besondere Rolle dabei Design Review based on Failure Mode DRBFM spielt, wird im anschließenden Kapitel erläutert.

Weiter detaillierte Beschreibungen von QFD finden sich in der Fachliteratur [23], [24], [8].

8.5 Design Review Based on Failure Mode – DRBFM

DRBFM ist eine Methode, um bei neuen Entwürfen und Entwurfsänderungen **präventiv versteckte Fehler zu erkennen** und geeignete Maßnahmen zu treffen. DRBFM ist Teil des weiter oben beschriebenen **GD³-Ansatzes**, der die Grundphilosophie darstellt.

Die Methode setzt sich aus Elementen der Failure Mode Effect Analysis FMEA und aus solchen des Design Review DR zusammen.

DRBFM wurde bei Toyota 1997 von Prof. Tatsuhiko Yoshimura entwickelt, um bessere Vorhersagen für mögliche, noch unbekannte Fehler bei Neu- und Änderungsentwürfen machen zu können. Die Methode beruht auf dem **Konzept präventiver Fehlervermeidung Mizenboushi** und dient zur qualitätsorientierten Produktentwicklung [25]. Bei Neuentwicklungen kann DRBFM zur Lösung von Problemen, die sich aus QFD I und II ergeben, herangezogen werden.

Die Methodik von DRBFM verknüpft

- die Vorgangsweise der FMEA Failure Mode Effekt Analysis – hier zu einer **„Kreativ-FMEA“** vereinfacht – mit
- der Frage- und Diskussionstechnik des **„Design Review“**, zur präventiven Fehlererkennung und Vermeidung, unter
- Bewertung der Auswirkungen von Änderungen auf das System.

Auf diese Weise wird zu einem frühen Zeitpunkt im Produktentwicklungsprozess PEP potentiellen Fehlern und ihren Auswirkungen im kreativen Gedankenaustausch der Experten begegnet!

Zur praktischen Durchführung empfiehlt es sich, ein firmeninternes **DRBFM-Formblatt** zu entwerfen (s. Bild 8-7), auf welchem alle Informationen vereint sind, um eine Änderung oder ein Neuteil zu bewerten und geeignete Entscheidungen zu treffen. Es dient auch zur Ergebnisdokumentation und Maßnahmenverfolgung. Das Review-Team entscheidet dann über Annahme oder Ablehnung der Änderung.

Bauteil, -gruppe, Änderung	System, Funktion	Fehlermöglichkeit, Funktionsverlust, Befürchtungen	Haupt- Neben- Ursachen	Lösungen Maßnahmen	gründliche Überprüfung
←		Kreativ-FMEA		→	Design Review
...	...	...	...	...	Entscheidung
...	...	...	...	...	Entscheidung

Bild 8-7: Struktur eines DRBFM-Formblattes: links (hell) „Kreativ-FMEA“; rechts (dunkler) „Design Review“

Weitere Arbeitsblätter können die Detailarbeit verbessern. Dazu zählt insbesondere die **Funktions-/Änderungsmatrix**.

Systemelement / Anforderungen	Subsystem	Komponente 1	Komponente2	Änderung	Vorprodukt
Anforderung 1		x			
Anforderung 2			xx		
...					

Bild 8-8: Funktions-/Änderungsmatrix, in deren Feldern Zusammenhänge zwischen Systemelementen und Anforderungen eingetragen werden

In der Funktionsmatrix werden die Neuerungen/Änderungen systematisch mit den Anforderungen/Zielgrößen abgeglichen.

Vorteile von DRBFM

- Vorhersage möglicher, versteckter Entwicklungsfehler
- Rechtzeitige Maßnahmen zur Eliminierung potentieller Fehler
- Systematische Vorgehensweise mittels Formblätter und Review
- Überprüfung und Freigabe/Ablehnung des Ergebnisses
- Überprüfung der Auswirkungen von Änderungen auf das System
- Überblick über den Status aller Änderungen im Projekt
- Systematische fehlerfreie Produktentwicklung

Die systematische Vorgehensweise von DRBFM bedarf auch einer IT-Unterstützung, auf die von einigen QM-Softwareanbietern eingegangen wird.

8.5.1 Cause Effect Diagramm with Additional Cards - CEDAC

CEDAC wurde von **Ryuji Fukuda** auf der Basis des **Ishikawa-Diagramms** (s. Kap. 2.2) entwickelt, um die Ursachen eines Problems systematisch zu erfassen und danach durch eine Art Metaplantechnik zu visualisieren [28].

Die einzelnen Problemursachen werden auf bunte Karten gemeinsam mit Lösungsvorschlägen geschrieben und diese den Ästen des Ishikawa Diagrammes (7 M) zugeordnet. Danach werden die Karten nach Relevanz der Ursachen und Lösungsideen gereiht und Maßnahmenprioritäten abgeleitet.

Diese einfache Methode kann sehr rasch zu einem Konsens über notwendige Abstellmaßnahmen führen. Die verbliebenen, noch nicht endgültig gelösten Problemursachen werden in einer anschließenden **FMEA** – **FMEI** (I steht für Improvement) weiterbearbeitet und Verbesserungsmaßnahmen festgelegt. **CEDAC kombiniert mit FMEI** kann somit auf einfache Weise einen wesentlichen Beitrag zur präventiven Fehlervermeidung bei der Produktentwicklung leisten.

8.6 Design of Experiments - DOE

Eine zentrale Bedeutung für die japanische Qualität kommt der breiten Anwendung von Versuchsmethodiken (Design of Experiments DOE) zu. Das Ziel des DOE ist es, wichtige Schlüsselparameter bei der Produkt- und Prozessentwicklung aufzudecken, die von ihnen ausgehende Streuung drastisch zu reduzieren und Toleranzen weniger wichtiger Parameter zu öffnen, um Kosten zu verringern.

In Japan werden unzählige von diesen versuchsmethodengestützten Experimenten durchgeführt, um Produkte und Prozesse „robuster“ zu gestalten. Es ist ein Verdienst von Dr. Genichi **Taguchi,** die klassische, statistische Versuchsplanung seinem System der „orthogonalen Felder“ angepasst zu haben. Seine Methodik ist allerdings aus statistischer Sicht umstritten.

8.6.1 Ziele und Strategien der Taguchi Methode

Wegweisend und unumstritten sind jedoch Ziele und Strategien der Taguchi Methode. Ihr wesentliches **Ziel** ist die

MINIMIERUNG UND ZENTRIERUNG DER STREUUNG

bei Produkt- und Prozessentwicklung. Das heißt, die Abweichung vom Zielwert soll möglichst gering sein. Diese geringe Streuung muss durch robuste Produkte und Prozesse erreicht werden und nicht durch enge Toleranzvorgabe.

Die **Strategie** der Taguchi Methode konzentriert sich demnach auf

ROBUSTE PRODUKTE UND PROZESSE.

Produkte und Prozesse sind robust, wenn sie möglichst wenig von Fertigungs- und Einsatzbedingungen abhängen. Um robuste Produkt- und Prozessparameter zu erreichen, werden die Methoden der statistischen Versuchsplanung zu ihrer Optimierung eingesetzt.

Obwohl Taguchi's Versuchsplanungsmethode in Japan nicht überall Anerkennung gefunden hat, haben viele führende japanische Unternehmen sie übernommen. Eine von ihnen, der führende Autozulieferer Nippon Denso, führte jährlich tausende Taguchi-Versuchspläne durch.

8.6.2 Taguchi's orthogonale Versuchspläne

Der Anwendungsschwerpunkt der statistischen Versuchsplanung (Design of Experiments) nach Taguchi liegt in der **Optimierung von produkt- oder prozessbezogenen Einflussfaktoren.** Die Taguchi-Versuchsmethodik hat sich besonders im Produktentwicklungsstadium als geeignet erwiesen.

Genichi Taguchi, der Erfinder der Verlustkostenfunktion, will mit den von ihm weiterentwickelten teilfaktoriellen Versuchplänen, die eine Orthogonaltafeltechnik zur Grundlage haben, eine bedeutende Aufwandreduzierung der statistischen Versuchspläne erreichen. Damit soll der Versuchsaufwand ingenieurmäßig machbar und leistbar sein.

Das Kernstück der Taguchi-Methode ist das so genannten **Parameter Design.** In dieser Phase der Versuchsplanung, Versuchsdurchführung und Ergebnisauswertung werden die **Produkte optimiert und unempfindlich gegenüber Störgrößen** gemacht.

Die von Taguchi ausgewählten Versuchspläne werden als *orthogonal* bezeichnet, weil sie in Bezug auf die Wertestufen gleichmäßig und ausgewogen sind. An die Stellen der Spalten für die Ermittlung der Wechselwirkungen treten neue Einflussgrößen, was die Untersuchung einer größeren Anzahl Einflussfaktoren möglich macht.

In Bild 8-9 sind die ersetzten Wechselwirkungen zur Verdeutlichung unterhalb der sieben Steuerfaktoren in Klammer angegeben.

Der entscheidende Nachteil der vollfaktoriellen statistischen Versuchspläne besteht ja darin, dass ab zwei Einflussfaktoren jeder weitere zu untersuchende Einflussfaktor bei zwei Wertestufen die Anzahl der Versuche verdoppelt (2^n), was sehr rasch an Grenzen der Durchführbarkeit stößt!

Die Anwendung der Taguchi-Methode ist aber nur dann sinnvoll, wenn die Wechselwirkungen, die durch einen weiteren Einflussfaktor ersetzt werden, vernachlässigt werden können! Oder eine Wechselwirkung, die bekannt ist, wird nicht durch eine Steuergröße ersetzt, sondern wird im Versuchsplan eingebaut. Anderenfalls besteht die Gefahr der **Vermengung und Überlagerung von Wechselwirkungen und Hauptfaktoren**, die das Ergebnis infrage stellt.

Bei den von Taguchi vorgeschlagenen orthogonalen Versuchsanordnungen handelt es sich meist um „gesättigte" Versuchspläne, die die maximal mögliche Anordnung von Faktoren ausnutzen, wie das Beispiel in Bild 8-9 mit dem Plan ($2^{7-4} \times 2^{3-1}$) zeigt, in dem alle Wechselwirkungen durch Einflussfaktoren ersetzt worden sind.

Für verschiedene Anzahlen und Wertestufen von Einflussfaktoren hat Taguchi **ausgewählte orthogonale Felder** vorbereitet, die die Anwendung seiner Versuchpläne auch ohne umfassendes statistisches Wissen vereinfachen soll.

10 Einflussgrößen (Steuer- und Störgrößen)								X	1	1	2	2
2 Wertestufen								Y	1	2	1	2
32 Resultate								Z	1	2	2	1
		A	B	C (AB)	D	E (AC)	F (BC)	G *(ABC)*	a RE-	b SUL-	c TA-	d TE
Versuchs-Nr.	1	1	1	1	1	1	1	1	(1a)			
	2	1	1	1	2	2	2	2	(2a)			
	3	1	2	2	1	1	2	2				
	4	1	2	2	2	2	1	1				
	5	2	1	2	1	2	1	2				
	6	2	1	2	2	1	2	1				
	7	2	2	1	1	2	2	1				(7d)
	8	2	2	1	2	1	1	2				(8d)

Bild 8-9: Teilfaktorieller, „gesättigter“, orthogonaler Versuchsplan $2^{7-4}\times 2^{3-1}$ nach Taguchi mit grau unterlegter innerer Matrix (sieben Einflussfaktoren, auch Steuerfaktoren genannt) und äußerer Matrix (drei Störfaktoren) auf jeweils zwei Wertestufen ohne Wechselwirkungen

Der in obigem Bild grau unterlegte Taguchi-Versuchplan 2^{7-4} mit sieben Einflussfaktoren (vier davon ersetzen Wechselwirkungen), die in acht Versuchen optimiert werden sollen, gilt als eine der Standardversuchsanordnungen von Taguchi. (Durch acht Versuche könnten mit einer vollfaktoriellen Versuchsanordnung nur drei Einflussfaktoren A,B,C untersucht und optimiert werden.)

Zusätzlich hat Taguchi versucht, durch die von ihm entwickelten *linearen Graphen* die richtige Eintragung von *bekannten Wechselwirkungen* in den Versuchsplan zu erleichtern.

Eine weitere Besonderheit ist die Trennung der Einflussfaktoren in beeinflussbare **Steuerfaktoren** und nicht beeinflussbare **Störfaktoren,** für die im Versuchsplan eine eigene äußere Störfaktorenmatrix vorgesehen ist, wie in Bild 8-9 dargestellt wird. Die Auswirkungen der Störgrößen werden entschärft, ohne die Störungen selbst zu eliminieren (z. B.: Umwelteinflüsse).

Der Nachteil der Taguchi-Methode besteht wie gesagt darin, dass sie nicht in der Lage ist, *unbekannte Wechselwirkungen* zwischen den Einflussgrößen zu erkennen. Dieses Risiko muss sorgfältig abgewogen werden. Erfahrene Ingenieure sollten jedoch relevante Wechselwirkungen schon vorher erkennen oder richtig vermuten und in den Versuchplan berücksichtigen. Bei unbekannten Wechselwirkungen - etwa bei neuen Technologien in neuen Produkten - sind klassische, teilfaktorielle Versuchpläne vorzuziehen.

Taguchi hat sicherlich die klassische, statistische Versuchsplanung durch einige wesentliche Gesichtspunkte ergänzt. Es sollten aber seine Verfahren nicht unkritisch angewandt werden.

In manchen Fällen wird die klassische Versuchsplanung Zielführender sein. Es stehen dafür auch gute, praktische Anleitungen und zahlreiche Versuchsplanungs- und Statistik-Software zur Verfügung [27].

8.7 Toyota's Produktentwicklungsprozess

Der Produktionsprozess bei Toyota verfolgt drei grundlegende Ziele:

- Die Qualitätsaktivitäten werden bereits ab der Entwurfsphase voll integriert.
- Die Entstehung von Qualitätsproblemen wird von vornherein verhindert.
- Alle Abteilungen sind schon ab der Entwurfsphase daran beteiligt, den Reifegrad des Produktes zu steigern.

Die Qualitätsaktivitäten im Entwicklungsprozess konzentrieren sich nicht nur auf das Produkt selbst, sondern auch auf die nachfolgenden Produktentstehungsprozesse und benutzt dabei **GD³ und DRBFM als Werkzeuge des Wandels.**

Es geht dabei im Wesentlichen darum

- ein *qualitätsfreundliches Produktkonzept* anzustreben
- ein *herstellungsfreundliches Produktdesign* zu entwickeln
- *produktionsfreundliche Betriebsmittel* und Anlagen zu ermöglichen und
- *qualitätsfreundliche Bearbeitungsmethoden* und Arbeitsabläufe zu ermöglichen.

Bei Toyota heißt es deshalb in Bezug auf das Design:

„leichte Geburt“: herstellungsfreundlich
„schwere Geburt“: schwierig herzustellen; änderungsanfällig

Um zu verhindern, dass Qualitätsprobleme entstehen oder gar weitergegeben werden, sind entlang des Produktentwicklungsprozesses **drei Design Reviews** vorgesehen. Das Prinzip lautet:

„Jeder Prozess sichert seine Qualität“!

Die drei Design Reviews der Produktentwicklungsprozesse entsprechen voll dem strategischen Ansatz von GD³ und Mizenboushi und können - dort wo notwendig - im Vorfeld noch durch **Quality Gates** ergänzt werden.

Der gesamte Produktentwicklungssprozess PEP muss mindestens sechs bis neun Monate vor dem geplanten Produktionsbeginn abgeschlossen sein. In dieser Periode dürfen keinerlei Änderungen am Produkt - auch nicht von den Zulieferanten - mehr vorgenommen werden: Dieser **Changefreeze** soll dem Produktionsanlauf Ruhe und volle Fokussierung auf fehlerfreie Produkte ermöglichen.

Zur Erinnerung: Design Reviews sind wichtige, strategische Engineering-Meetings, an denen jeder Bereich, der mit dem Produkt zu tun hat mit allen relevanten Unterlagen teilnimmt. Design Reviews verkörpern die Idee der *Good Discussion* und des Simultaneous Engineerings!

Die drei Design Reviews des PEP

- **DR 1 Designkonzept:**
  Die Konzepte neuer Komponenten und Technologien, sowie die gesamte neue Produktkonfiguration werden auf **Machbarkeit** und **Kundenwunscherfüllung** (QFD) durch dieses **Konzept Design Review** überprüft.
- **DR 2 Produktentwurf:**
  Konstruktionszeichnungen und Komponenten werden dem **Design Review based on Failure Mode DRBFM** unterzogen, um die Qualität von Anfang an abzusichern.
- **DR 3 Produktentwicklung:**
  Komponenten- und Prototypentests werden im **Design Review based on Test Results DRBTR** ausgewertet, das Erreichen der Soll-Vorgaben überprüft und gleichzeitig der Übergang zum **Preproductive Check PPC** vorbereitet.

„Gute Ideen müssen zu guten Produkten führen", heißt es bei Toyota! Deshalb wird weitgehend auf bereits gut entwickelte und evaluierte Systemkomponenten zurückgegriffen, um sich dann auf die wenigen wesentlichen Produktneuerungen voll konzentrieren zu können.

8.8 Toyota Customer Satisfaction – TCS

Die Kundenzufriedenheit ist bei Toyota ein zentrales Anliegen und hat oberste Priorität. Mehr noch; Toyotas Zielsetzung ist es, die Nummer eins in Kundenzufriedenheit und **Kundenbegeisterung** zu sein. Dazu müssen auch die emotionalen Bedürfnisse der Kunden erfüllt werden

Nicht Ergebnis, Umsatz oder Stückzahlen stehen an erster Stelle, sondern Zufriedenheit, Begeisterung und Treue der Kunden weltweit.

Toyota unterhält deshalb ein ausgedehntes und ausgeklügeltes Kunden Informationsnetzwerk und sichert sich damit rasch zuverlässige Informationen aus erster Hand über Verkaufs-Auslieferungs- und Serviceerfahrungen seiner Kunden sowie über die Produktqualität.

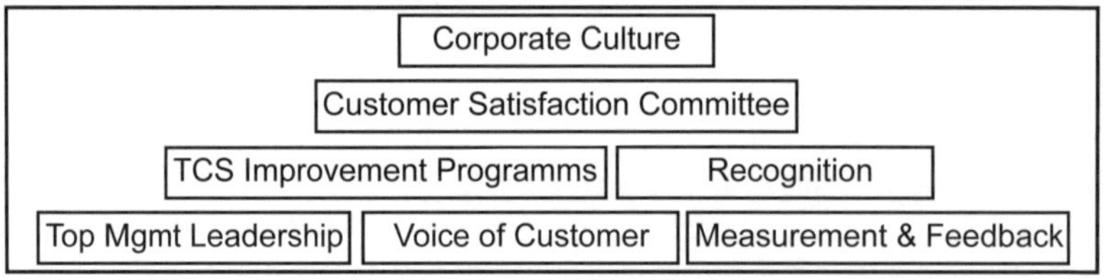

Bild 8-10: Toyota Customer Satisfaction TCS Rahmenprogramm (nach Powers [30])

8.8.1 Kundeninformationssystem

Neuwagenkäufer bekommen innerhalb des ersten Monats einen ausführlichen Fragebogen zugeschickt oder von ihrem Betreuer ausgehändigt. Kunden, die eine Garantiereparatur durchführen lassen mussten, erhalten gleich nach zehn Tagen einen Fragebogen über die Wirksamkeit der getroffenen Maßnahmen. Man will stets den Finger am Puls des Kunden haben, um schnell reagieren zu können!

Der Kunde ist die wichtigste Person im Unternehmen und schlechthin der Zweck des Unternehmens. Es genügt deshalb nicht, bloß zu wissen, dass die Kunden nicht unzufrieden sind, sondern es ist wichtig das Ausmaß ihrer Zufriedenheit und Begeisterung zu kennen, um die Marktpositionen zu erhalten und weiter auszubauen.

Ein wichtiger Indikator dafür ist die **Kundenloyalität**. Nur sehr zufriedene Kunden sind loyal und bleiben der Marke treu. Das Ziel ist, durch verlässliche Messungen und ständige Verbesserung **Total Service Quality** zu verwirklichen.

Hauptkennzahlen sind dabei Fehlerkosten (Garantie und Kulanz) und die Kundenabwanderungsrate. Wenn Fehlerkosten und in Folge die Kundenabwanderung steigen, sinken unmittelbar Rentabilität und Marktanteil. Diese Abwärtsspirale gilt es rasch und nachhaltig zu stoppen. Wie gut das bei Toyota gelingen kann, war vor einiger Zeit nach weltweit notwendigen Rückrufaktionen zu beobachten. Die Schwächephase wurde rasch überwunden und Marktposition und Image wieder gefestigt.

8.8.2 Toyota Service Management

Die Marke Toyota steht nicht nur für hohe Fahrzeugqualität, sondern auch für ausgezeichneten Kundenservice. Mit der **neuen Zertifizierung „Toyota Service Management"** will Toyota seine Händler optimal auf die Zukunft vorbereiten. Die Auszeichnung in den Stufen Bronze, Silber und Gold erfolgt durch Toyota Motor Europa. Um die strengen Kriterien zu erfüllen müssen die Händler herausragende Leistungen in den Bereichen Serviceannahme, Direktannahme, Reparatur-durchführung, Kundenbetreuung und -zufriedenheit zeigen. Ein Schwerpunkt ist die Verbesserung des Werkstatt- und Teilegeschäfts des Händlers. Hier tragen strukturierte und effiziente Abläufe maßgeblich zu einer hohen Qualität des Kundenservices bei.

8.8.3 Toyota Kundendienstqualität

Die Qualität des Toyota Kundendienstes umfasst zusätzlich für jeden Kunden folgende verlässliche Zusagen:

Die Einhaltung von **Wunschterminen** hat bei allen Toyota Händlern die höchste Priorität.

Bei der Fahrzeugannahme nimmt sich der Toyota Händler Zeit, um den Reparaturauftrag zu besprechen.

Der Kunde erhält auf Wunsch eine **Vorabkalkulation**. Bei unvorhergesehenen Abweichungen werden die Kunden sofort informieren und ihr Einverständnis eingeholt.

Damit Kunden trotz Werkstattaufenthalts ihres Fahrzeuges mobil bleiben, führt jeder Toyota Händler ein **Mobilitätsangebot**.

Allen Toyota Händlern sind Fairness und **Transparenz** bei den Lohnkosten selbstverständlich.

Alle **Posten der Rechnung** werden den Kunden ausführlich erklärt. Auf Wunsch werden die ausgebauten Teile gezeigt und auch mitgegeben.

Durch die konsequente Optimierung aller Serviceleistungen garantiert Toyota seinen Kunden eine bestmögliche Kundendienstqualität.

Wer zufrieden ist, ist reich.
Wer seine Mitte niemals verliert,
ist unbesiegbar.

Lao Tse

9 Japanisches Rechnungswesen

9.1 Markt- und Strategieorientierung

Im Bereich Technologie, Methodik und Unternehmensführung wird seit langem versucht, den japanischen Erfolgsweg zu erfassen. Von der Ausgestaltung des japanischen Rechnungswesens jedoch weiß man im Verhältnis dazu relativ wenig.

Bekannt ist die Nachkriegsorientierung nach amerikanischen Systemen wie das *Direct Costing*, also eine einfache Form der Teilkostenrechnung. Später hat die reine *Kostenkontrollfunktion* auch *Planungsaspekte* integriert.

Es scheint, dass die japanische Kostenrechnung heute von einer besonderen Philosophie begleitet wird, die sich an den *Gesamtunternehmenszielen* ausrichtet. Sie stellt kein isoliertes Instrument mehr dar, sondern richtet sich flexibel nach Markt- und Strategieerfordernissen.

Folgende Schwerpunkte können hervorgehoben werden [16]:

- **Die Zielkostenrechnung (target costing)** ist der Angelpunkt der japanischen Kostenrechnung.
- **Kostenplanung und Kostensenkung** stehen im Mittelpunkt und nicht die Kostenkontrolle.
- **Kosten-/Leistungsrelationen** sind primär die Basis für Investitionsentscheidungen und nicht finanzielle Maßgrößen.

Japanische Controller sind in hohem Masse teamorientiert und an der Entwicklung aller Unternehmensbereiche entsprechend der Marktveränderungen interessiert.

Die Verfahren des Rechnungswesens werden stets so angepasst, dass eine konsequente Unterstützung der Zielsetzungen durch die Kostenrechnungsinformationen ermöglicht wird.

9.2 Zielkostenrechnung

Die Verwendung der kunden- und marktorientierten Zielkostenrechnung (target costing) in japanischen Unternehmen beruht auf der Erkenntnis, dass mit den verfügbaren Kosteninformationen wichtige strategische Entscheidungen nicht immer fundiert beurteilt werden können. Nach der herkömmlichen Deckungsbeitragsrechung werden bekanntlich Verlustbringer eliminiert.

Target Costing nimmt die Kosten des wichtigsten Wettbewerbers als Basis. Der Prozess des Erreichens dieser Zielkosten – und damit das Schließen der **Ziellücke** – ist der wichtigste Schritt der Zielkostenrechnung. Die Anpassungsschritte müssen dann bereichsspezifisch detailliert werden. An diesem Stufenweisen Anpassungsprozess sind viele „Spieler" beteiligt. Nur im Team lässt sich so eine ausgewogene Kostensenkung erzielen, die das neue Produkt wettbewerbsfähig und erfolgreich macht. Das Aufdecken und Eliminieren von Verschwendung steht dabei im Mittelpunkt.

9.2.1 Kostensenkungsziel: Verschwendung vermeiden

Um Verschwendung „Muda" zu eliminieren oder zumindest zu verringern, muss aufgezeigt werden, wo Verschwendung entsteht. Toyota definiert sieben Arten von Verschwendung (s. auch Bild 7-6):

- **Überproduktion:** Pufferlager, Doppelhandling
- **Wartezeiten:** z. B. beim Werkzeugwechsel
- **Überflüssiger Transport:** ineffiziente Logistik
- **Fehlerhafte Teile:** Ausschuss, Nacharbeit, fehlerhafte Zulieferteile
- **Überhöhte Lagerhaltung:** Kapitalbindung, Flächenbindung, Verwaltung
- **Ineffiziente Bewegungsabläufe:** Lange Laufwege, schlechtes Layout
- **Ungünstige Herstellungsprozesse:** fehlende Wertstromanalyse.

Um diese vielfältigen Quellen der Verschwendung aufzudecken und sichtbar zumachen, ist auch die Mithilfe durch das Rechnungswesen notwendig. Ein bewährtes Hilfsmittel stellt dabei die Wertstromanalyse dar.

9.3 Qualitätsbezogene, nichtfinanzielle Maßgrößen

Die Verwendung nichtfinanzieller Maßgrößen ist in japanischen Unternehmen sehr verbreitet und dient als Instrument der Verknüpfung von Rechnungswesen und Fertigung. Wichtige Kenngrößen sind dabei u. a.:

- **Ausfallraten,** maschinenbezogen
- **Stillstandzeiten** von Produktionsanlagen
- **Durchlaufzeiten**
- **Anzahl fehlerhafter Teile/Produkt**

- **Nacharbeit**
- **außerplanmäßige Reparatur- und Nachtarbeitsstunden**
- **Anzahl Reklamationen**
- **Anzahl Rückrufaktionen**
- **Anzahl Servicestunden aufgrund Qualitätsmängel.**

Diese nichtfinanziellen Daten bilden den Ausgangspunkt für eine **integrierte Qualitätskostenrechnung** und Leistungsbeurteilung in Bezug auf eine **Null-Fehler/Null-Stillstand-**Zielsetzung und die Einhaltung der Vermeidung von Verschwendung.

Die Qualitätsphilosophie findet also auch im Rechnungswesen eine sinnvolle Ergänzung weil sie Leistungs- und Kostendaten zu einer Integrierten Qualitätskostenrechnung verknüpft.

Das japanische Rechnungswesen gewährleistet zusammengefasst eine **marktorientierte Ziel- und Strategieunterstützung** für das Management.

9.4 Stückzahlen und Nettoerträge

Während viele Automobilhersteller nach wie vor die Auffassung vertreten, dass erst bei hohen Stückzahlen ein Fahrzeugtyp rentabel hergestellt werden kann, verfolgt Toyota bekanntlich einen anderen Ansatz. Allein durch die Forderung, Verschwendung unter allen Umständen zu vermeiden (Kanban, One-piece-flow, Jidoka, TPM) wird für eine kostengünstige Produktion gesorgt und zwar weitgehend **unabhängig von der Stückzahl** und durch schnelle Reaktion auf Nachfrageschwankungen.

Schaut man sich den Nettoertrag pro Fahrzeug bei einigen der großen Automobilhersteller an, stellt man fest, dass Toyota mindestens dreimal so viel pro Fahrzeug verdient als andere Wettbewerber (Premiummarken ausgenommen).

Das bedeutet zweierlei: Erstens, dass das TPS einhält, wofür es steht, nämlich kostengünstigste Fertigung auch bei Niedrigwachstum und sinkenden Stückzahlen, denn Effizienz kann niemals nur *schneller und mehr* bedeuten.

Zweitens, dass sich Toyota eine dicke Eigenkapitaldecke schafft, um weltweit investieren zu können und zukunftsweisende Entwicklungen voranzutreiben.

So kann eine nahezu perfekte Zukunftssicherung eines Unternehmens aussehen.

Von den Besten lernen,
sich mit den Besten messen,
der Beste werden.

10 Qualitätspreise in Japan

10.1 Deming-Preis

Der bereits 1951 gegründete Deming-Preis ist einer der ersten Qualitätspreise überhaupt und wurde ursprünglich aus einem von **W. Edwards Deming** gestifteten Fond verliehen, der aus Einkünften seiner Tätigkeiten in Japan zustande kam. Heute übernimmt die Japanese Union of Scientists and Engineers JUSE Organisation und Kosten der Deming-Preisverleihung.

Dem Deming-Preis liegt das von **Kaoru Ishikawa** entwickelte **CWQC**-Companywide Quality Control zugrunde.

Anträge können Mitte jeden Jahres gestellt werden. Ein eigenes Subcommittee prüft die Anträge und besucht jeden Antragsteller, um ein umfangreiches Audit durchzuführen.

Audit-Checkliste des Deming-Preises (Auszug)

- *Unternehmenspolitik* (Ziele, Umsetzung, Erfolg): Was bedeutet Unternehmenspolitik für TQC im Unternehmen? Welche Maßnahmen gibt es zu Umsetzung? Wie wird der Erfolg überprüft?
- *Organisation und Administration* (Verantwortlichkeit, Koordinierung): Wie ist die Durchführung und Administration in Bezug auf Verantwortlichkeit und Gruppenaktivitäten organisiert?
- *Aus- und Weiterbildung* (Trainingsprogramme, Vorschlagswesen): Welche internen und externen Trainingsprogrammen gibt es? Wie sind die Wirksamkeit solcher Programme festgestellt?
- *Durchführung der Unternehmensprozesse* (alle Kernprozesse): Folgende Punkte müssen überprüft werden: Profitmanagement, Kostensteuerung, Steuerung von Einkauf und Materialumlauf, Steuerung der Produktionsprozesse, Anlagenmanagement, Methodensteuerung, Personaladministration, Arbeitsbeziehungen, Aus- und Weiterbildungsprogramme, Entwicklung neuer Produkte, Forschungsmanagement, Händlerbeziehungen, Umgang mit Kundenbeschwerden und Kundeninformationen, Qualitätsgarantie, Kundendienst, Kundenbeziehungen.

Audit-Checkliste des Deming-Preises (Auszug – Fortsetzung)

Für die Durchführung der Qualitätsaufgaben gelten gesondert folgende Punkte:

a) Sammeln und Umgang mit Qualitätsinformationen
b) Analyse und Definition wichtiger Qualitätsprobleme
c) Standardisierung
d) Steuerung von Maßnahmen; insbesondere von Notfällen
e) Qualitätssicherung: vorbeugende Maßnahmen, Verbesserungsprozesse, Produkthaftung, funktionierendes CAQ-System

- *Auswirkung* (auf Kunden, Lieferanten, Umwelt): Welche Auswirkung hat TQC auf die Produktqualität, auf Lieferantenqualität, Kundendienst, Kosten, Gewinn, Sicherheit und Umwelt?
- *Zukunftsplanung* (Schwächen eliminieren, neue Ideen und Visionen): Gibt es eine Analyse von Stärken und Schwächen im Unternehmen. Wird in den zukünftigen TQC-Programmen dem Rechnung getragen und die langfristige Unternehmenspolitik danach ausgerichtet?

Jeder Antragsteller muss im Summenschnitt aller Kriterien **70 Punkte** erreichen, um den Preis zu erhalten. Kein Kriterium darf jedoch weniger als 50 Punkte aufweisen. Das Managementkriterium muss stets mindestens 70 Punkte erreichen!

Die Checkliste für den Deming-Preis gibt Aufschluss, wie weit in Japan die Aktivitäten im Rahmen des umfassenden Qualitätskontrolle TQC gesteckt sind. Sie zeigt auch, dass ein QC-Audit in Japan ein Audit des gesamten Managementsystems ist!

Die Kommentare und Empfehlungen des Deming-Preis Komitees sind für jedes Unternehmen sehr hilfreich und wertvoll; auch wenn der Preis verfehlt wurde.

Es gibt drei Arten des Deming-Preises:

- Deming-Preis an Einzelpersonen (Kleinunternehmer)
- Deming-Preis für Unternehmen
- Deming-Fabrikpreis.

Seit 1984 wird der Deming-Preis auch an ausländische Bewerber verliehen.

10.2 Japan Quality Control Award

Nach der internationalen QC-Konferenz in Tokyo 1969 wurde der Japan Quality Control Award ins Leben gerufen, der eine Stufe über dem Deming-Preis steht und von der JUSE gesponsert wird. Die Gewinner werden allerdings vom Deming-Preis Komitee evaluiert.

Diese **allerhöchste japanische Qualitätsmedaille** wird nur an Unternehmen vergeben, die bereits den Deming-Preis gewonnen haben und danach über einen Zeitraum von mindestens

fünf Jahren ein entsprechend hohes TQC-Niveau nachweisen können. Im Übrigen sind die Kriterien ähnlich wie beim Deming-Preis, allerdings mit der zusätzlichen Auflage, dass das zu erreichende Mindestniveau von 70 auf **75 Punkte** angehoben wird!

Den ersten Japan Quality Control Award gewann übrigens 1966 Toyota!

Confront the difficult when it is still easy;
Accomplish the great task by a series of small acts.

Tao Te Ching

11 Resümee

11.1 Charisma und Ideen

Viele japanische Managementtechniken sind erfolgreich, weil sie einfach und gut sind. Dieser Erfolg hat mit landeskulturellen Faktoren wenig zu tun. Daraus ergibt sich, dass diese Praktiken überall anwendbar sind und auch angewendet werden.

Im Grunde ist KAIZEN das ausschlaggebende Konzept, der rote Faden, der sich durch die in den letzten vierzig Jahren in Japan entwickelten Systeme und Methoden der Problemlösung zieht. Probleme sind in vielen Fällen funktionsüberschneidend, wie etwa bei der Entwicklung eines neuen Produktes. Hier sind Zusammenarbeit und gemeinsame Anstrengung von Mitarbeitern aller involvierten Bereiche, wie Marketing, Entwicklung und Produktion dringend geboten und sind in japanischen Unternehmen institutionalisiert.

Im Westen hingegen betrachtet man Funktionsüberschneidende Probleme oft nur im Zusammenhang mit Konfliktlösungen, während das japanische Management von vornherein einen systematischen, auf Zusammenarbeit basierenden Zugang zur Lösung Funktionsüberschneidender Probleme ermöglicht. Darin liegt eines der Geheimnisse des japanischen Wettbewerbsvorteils.

Der große **Ideenreichtum an Strategien und einfachen Methoden**, die japanische Unternehmen erfolgreich anwenden, verblüfft immer wieder und stimmt nachdenklich.

Der Versuch einer einfachen Erklärung, dass eben fernöstliche Kulturen und Denkweisen nicht ohne weiteres übertragbar und mit den westlichen vergleichbar seien, greift zu kurz und ist schon seit langem widerlegt.

Längst haben japanische Unternehmen auf anderen Kontinenten Fuß gefasst und wenden auch dort ihre Strategien erfolgreich an. Allein Toyota hatte bereits 2005 mehr als 45 Produktionsstätten außerhalb Japans, davon 8 in den USA und 7 in Europa und baut weltweit seine Präsenz weiter aus.

Fernöstliche Hersteller verstehen es also, ihre Erfolgsstrategien an die Kulturen in anderen Ländern anzupassen. Sie machen sich dabei den einfachen Umstand zu nutze, dass allen Menschen ein instinktives Verlangen nach Selbstverbesserung innewohnt.

Laut Prof. Yoshinobu Nayatani von der Universität Osaka, wirken sich die KAIZEN-basierten, japanischen Unternehmensstrategien wie folgt aus:

1. Menschen begreifen viel schneller, worum es geht.
2. Der Planungsphase wird höhere Aufmerksamkeit gewidmet.
3. Menschen werden ermutigt, prozessorientiert und selbstständig zu denken.
4. Menschen konzentrieren sich auf die wichtigen Dinge.
5. Jeder wirkt eigenverantwortlich am Aufbau des neuen Systems mit.

Neben allen Methoden und Strategien scheint jedoch auch eine **charismatische Unternehmensführung,** die die unbedingte Mitwirkung aller an den Unternehmenszielsetzungen bewirkt, ein wesentlicher Erfolgsfaktor zu sein!

11.2 Folgerungen für die Automobilindustrie

Fast scheint es, dass die Zukunft der Automobilindustrie in Asien liegt. Die japanischen „Big Three" - Toyota, Honda, Nissan - haben die Führungsrolle übernommen, werden aber selbst inzwischen von den Koreanern - allen voran Hyundai - gejagt. Die Koreaner arbeiten praktisch so perfekt wie die Japaner nur noch etwas schneller und damit kostengünstiger. Im Hintergrund beginnt sich Chinas Automobilindustrie bereits zu formieren.

Einen Gegenpol bilden die gewaltigen Anstrengungen der westlichen Autohersteller, die das Terrain nicht kampflos aufgeben wollen.

In diesem globalen Verdrängungswettbewerb heißt es die Konkurrenz genau beobachten, ihre Methoden verstehen und prüfen, eigene Fehler - hauptsächlich Managementfehler - vermeiden, eigene Stärken forcieren und intelligente Gegenkonzepte entwickeln!

Die herausragenden Merkmale japanischer Erfolge sind hauptsächlich gekennzeichnet durch

- Vorbild und Disziplin in einer gelebten Solidargemeinschaft
- Effizienzsteigerung durch nachhaltige Vermeidung von Verschwendung
- Marktorientierte Flexibilität
- Führungskontinuität und Eigeninitiative
- Fehlerfreie Qualität und Zuverlässigkeit
- Förderung und Nutzung menschlicher Fähigkeiten.

Diese Grundthemen werden von KAIZEN über KVP, LPM; TPM bis zum TPS aus verschiedenen Gesichtswinkeln behandelt, abgewandelt und verfeinert. Die daraus entstandene Fülle von Strategien und Methoden bedürfen jeweils einer wohlüberlegten Anpassung und Ergänzung, um für die eigenen Gegebenheiten optimale Ergebnisse und damit optimale Erfolge erzielen zu können.

Ein „How to do it the Japanese Way" gibt es schlechthin nicht! Toyota hat schließlich selber fast ein halbes Jahrhundert an seinem Weg gefeilt und anfangs viel von Ford gelernt und abgewandelt.

Toyota hat von Beginn an schrittweise Prozessinnovation betrieben und ist später mit Produktinnovation nachgezogen. Im Westen war es lange Zeit genau umgekehrt. Erst in den letzten Jahren gewann Prozessorientierung an Bedeutung.

Um schließlich so wie in Japan flexibel, kostengünstig, qualitativ hochwertig und schnell produzieren zu können, ist zusätzlich ein hoher Standardisierungsgrad - auch für die Zulieferanten - erforderlich, damit Sicherheit und Klarheit der Prozess- und Arbeitsschritte garantiert werden können.

Es erscheint also angezeigt, die japanischen Erfolgskonzepte sorgfältig zu prüfen, über ihre lokale Anwendbarkeit nachzudenken, sie gegebenenfalls abzuwandeln, um daraus einen ganz eigenen Weg zu beschreiten. Dies ist die eigentliche, spannende Herausforderung, dem sich zukunftsorientierte Unternehmen stellen sollen!

11.3 Ausblick

Die japanischen Konzepte bestechen durch Einfachheit, Logik und konsequente Denk-, Vorgehens- und Handlungsweise der sich zielkonform verhaltenden Mitarbeiter.

Material nur da wo nötig in minimaler Bevorratung, effiziente Verkettung von Maschinen und Arbeitsstationen, die autonom keinerlei Fehler durchlassen, sowie effizienter Mitarbeitereinsatz!

Das heißt also, schlank, agil und wertschöpfungsorientiert die richtigen Dinge von Anfang an richtig machen!

Das Ziel ist eine gesellschaftsorientierte Industrie, die ein Maximum an Wertschöpfung erbringt aber ebenso zu einer Maximierung der Lebensqualität beiträgt.

Westliche Unternehmen zielen in die gleiche Richtung, haben inzwischen sehr viel dazugelernt und holen stark auf. Kooperationen mit japanischen Unternehmen sind dabei förderlich.

Es gibt aber auch etliche Unternehmen, die auf einen eigenen Weg gesetzt haben. So hat das Motorenwerk Stuttgart-Untertürkheim der Daimler AG in fünf Wettbewerben Preise für Lean Production gewonnen. Zuletzt auch den begehrten Ludwig Erhard Preis in Silber für sein überzeugendes Mercedes-Benz Produktionssystem MPS!

Stellvertretend für viele bedeutende Zulieferfirmen soll hier auch die Firma Knorr-Bremsen erwähnt werden, die auf der Basis von Lean Produktion und Total Productive Maintenance ihr eigenes, erfolgreiches und vorbildhaftes Knorr-Produktionssystem KPS entwickelt und in einem KPS-Methodenhandbuch festgeschrieben hat. Auch der weltweite Automobil-Zulieferkonzern MAGNA hat längst LPM, TPS, KVP voll im Unternehmen integriert und zum Magna Factory Concept MaFaCt ausgebaut.

Man darf schließlich nicht vergessen, dass es schon seit wesentlich längerer Zeit, als die erfolgreichen japanischen Unternehmen, viele bedeutende, verdienstvolle westliche Unternehmen gibt, die sich weltweit großes Ansehen erworben haben.

Auch ein Taiichi Ohno, der Schöpfer von TPS, hat anfangs sehr genau das Ford-Produktionssystem studiert, Neues ausprobiert, daraus viele Lehren gezogen und in seine Ideen eingebaut. Die Entwicklung und Perfektionierung seines TPS hat Jahrzehnte gedauert.

Im freien Wettstreit um die Gunst der Märkte ist ein sich wechselseitig befruchtendes von einander Lernen im Sinne von

NEVER ENDING LEARNING AND IMPROVING

ein durchaus positiver Effekt der Globalisierung, den man nutzen soll!

Was ist also zu tun?!

Eine wichtige Realität des Toyota Weges lautet, dass es immer **mehr als einen Weg** gibt, um das gewünschte Ergebnis zu erzielen! Für Unternehmen, die sich die japanischen Erfolgskonzepte zum Vorbild nehmen, gilt es vor allen Dingen, einen **eigenen Weg** zu finden und zu etablieren. Dabei sollen zumindest folgende Grundsätze beachten werden:

- **Ziele definieren**, die SMART sind, also spezifisch, messbar, aktionsorientiert, realistisch und terminorientiert.
- **Schlanke Prozesse und Systeme** einführen und überflüssige Elemente eliminieren.
- **Wertströme der Prozesse analysieren und verbessern**
- **Durchlaufzeit reduzieren** und auf etwa ein Viertel herunterfahren.
- Das Unternehmen zu einer **teamorientierten, lernenden Gemeinschaft** werden lassen.
- Gute, **verlässliche Partnerschaften** eingehen.
- **Werte generieren** und Beiträge für Umwelt und Gesellschaft leisten.

Der Erfolg wird nicht ausbleiben!

Glossar

Andon:

Signale auf Anzeigetafeln, die Probleme sichtbar machen. Grün: i. O., Gelb: Problemlösungshilfe wird angefordert, Rot: Problem kann innerhalb der Taktzeittoleranz nicht gelöst werden, daher Bandstopp.

Autonomat oder Autonome Automation:

Bezeichnet im TPS die Fähigkeit von Maschinen sich automatisch abstellen können, bevor oder falls irgendein Fehler an Werkzeug oder Werkstück auftritt.

A 3-Problemlösungsbericht:

Status-. Problemlösungs- und Informationsbericht auf einem DIN A3 Blatt mit aussagekräftigen, graphischen Darstellungen, Zahlen und knappen Informationen.

Baka-Yoke:

Narrensicherheit maschineller Anlagen. An Werkzeugen und Maschinen werden Vorrichtungen angebracht, die Defekte verhindern (Autonomat).

CWQC:

Companywide Quality Control, eingeführt von Kaoru Ishikawa, entspricht dem heutigen TQC in Japan.

DMAIC:

Die fünf grundlegenden Schritte Define-Measure-Analyse-Improve-Control im Six Sigma Management.

Deming-Prize:

Japanischer Qualitätspreis, der jährlich vergeben wird.

DRBFM:

Design Review based on Failure Mode

DRBTR:

Deign Review based on Test Results

EKUV-Analyse:

Ein Werkzeug des KVP-Workshop: Eliminieren, Kombinieren, Umstellen, Vereinfachen mit dem Ziel, Durchlaufzeiten zu verringern.

Gemba:

Konzentration auf das unbedingt Notwendige, insbesondere auf die Wertschöpfung.

Genchi Genbutsu:

Man soll sich selbst vor Ort ein Bild von der Situation machen, um besser urteilen und entscheiden zu können.

GD^3:

GD-Cube: Good Design, Good Discussion, Good Dissection

Hansei:

Überprüfung, Review. Analysieren, Reflektieren und Überwinden von Schwächen.

Heijunka:

Produktionsnivellierung, gleichmäßige Produktionsauslastung

Hoshin Kanri:

Entwicklung einer Unternehmenspolitik der ständigen Verbesserung.

Ishikawa-Diagramm:

Ursache-Wirkung- oder Fischgräten-Diagramm oder 7 M-Diagramm (Mensch, Maschine, Material, Methode, Messen, Mitwelt, Management).

JIDOKA:

Autonome Qualitätssicherung, Prozessimmanente Qualität. Ein System von Selbstkontrolle und wechselseitiger Kontrolle mit gegenseitiger Hilfestellung, wodurch verlässlich die Weitergabe von Fehlern verhindert wird. Dazu zählt auch Autonomat, der selbständige Maschinenstopp bei Fehlern und Andon, der Bandstopp durch die Arbeitsgruppe, wenn der Fehler nicht innerhalb der Taktzeittoleranz abgestellt werden kann.

JIT:

Just-In-Time-Logistiksystem, dass Güter zum richtigen Zeitpunkt in der richtigen Menge zur Verfügung stellt und Lagerhaltung weitgehend vermeidet.

KAIZEN:

Die Grundlage von TQC in Japan. Beruht im Wesentlichen auf ständiger Verbesserung in kleinen Schritten, der 6 W-Hinterfragetechnik und den sieben Qualitäts- und sieben Managementwerkzeugen.

KANBAN:

Bestell- und Lieferzettel an einem Behälter, worauf ein ganzes Produktionssteuerungssystem aufgebaut ist.

Kansei:

Berücksichtigung der emotionalen Empfindungen und Bedürfnisse der Kunden

Kyoryoku-Lieferanten:

Verlässliche, langfristige Systemzulieferer, die als Hauslieferanten zur Unternehmensfamilie zählen.

Mizenboushi:

„vorbeugende Maßnahmen". Ein Japanisches Konzept zu präventiven Vermeidung von Fehlern

Muda:

Verschwendung

Muri:

Überlastung

Mura:

Unausgeglichenheit

NOAC:

Next Operation as Customer; Kunden/Lieferanten-Verhältnis innerhalb des Unternehmens und zu seinen Partnern.

O.E.E.:

Overall Equipment Effectiveness; Gesamtanlageneffizienz

One-Piece-Flow:

Ein Teil durchläuft jede Arbeitsstation ohne Unterbrechung und Zwischenlagerung bis zum Endproduktstadium.

PDCA-Zyklus:

Deming-Kreis: Plan - Do - Check - Act

Pull-System:

Ein Nachfragegesteuertes Logistiksystem. „Pull" bedeutet Nachfragesog. In der Fertigung bedeutet „Pull" das Heranziehen des hinteren Arbeitsprozesses.

QC:

Quality Circle; Qualitätszirkel: Arbeitsgruppen besprechen freiwillig nach der Arbeit Probleme und Verbesserungsmöglichkeiten und bekommen dabei Unterstützung.

QKLSA-Kriterien:

Qualität, Kosten Lieferung, Sicherheit, Arbeitmoral

QCDSM-Criteria:

Quality, Cost, Delivery, Safety, Moral

Sempai:

erfahrener Arbeitskollege, der für das Anlernen unerfahrener Kollegen verantwortlich ist

Sensei:

Mentor, Wächter. Sie stellen sicher, das die Grundunternehmenswerte im Unternehmen eingehalten, gepflegt und weitergegeben werden.

Shainin-Methode:

Durch Bobachtungen und Vergleiche die wichtigen Einflussfaktoren bestimmen.

Shojinka:

Umfassend ausgebildete und flexibel einsetzbare Mitarbeiter in der Fabrik

SMART:

Ziele sind „smart", wenn sie spezifisch, messbar, aktionsorientiert, realistisch und terminorientiert sind.

SMED:

Single Minute Exchange of Die oder Rapid Setup. Rüstzeitminimierung bis unter 10 min als wichtiger Beitrag zur Produktivitätssteigerung.

Shop Floor:

Untere Hierarchieebene, die „Werkstätte", die Ebene der Wertschöpfungserbringung.

5 S-Programm:

Seiri (Ordnung schaffen), Seiton (Ordnungsliebe), Seiso (Sauberkeit), Seiketsu (persönlicher Ordnungssinn), Shitsuke (Disziplin). Ein wesentlicher Teil von TPM und TPS.

Target Costing:

Zielkostenrechnung

TQC:

Total Quality Control. TQC entstand aus CWQC und ist in Japan in etwa mit TQM im Westen gleichzusetzen.

Wertstromanalyse:

wird in Japan als „Diagramm über den Material- und Informationsfluss" bezeichnet und analysiert die werthaltigen und nicht werthaltigen Elemente eines Prozesses

Wertstromquotient:

Verhältnis der Wertgenerierenden Zeit zur gesamten Durchlaufzeit in einem Prozess

Wertstromdesign:

Überführung eines unbefriedigenden Prozess-Istzustandes in einen verschwendungsarmen Sollzustand

Literatur

[1] *Womack, James P; Jones, Daniel T.; Roos, Daniel:* The Maschine that changed the World; the Story of Lean Production. Harper Perennial New York, 1991

[2] *Matyas, Kurt:* Taschenbuch Instandhaltungslogistik -Qualität und Produktivität steigern. (2. Auflage) Carl Hanser Verlag München, Wien, 2004

[3] *Imai, Masaaki:* KAIZEN – The Key to Japan's Competitive Success. McGraw Hill, New York, 1986

[4] *Al-Rahdi, Mehdi; Heuer, Jörg:* Total Productive Maintenance. Konzept, Umsetzung, Erfahrung. Carl Hanser Verlag München, Wien, 1995

[5] *Liker, Jeffery K.:* The Toyota Way. The McGraw-Hill Companies Inc., New York, 2004

[6] *Becker, Helmut:* Phänomen Toyota, Erfolgsfaktor Ethik. Springer Verlag Berlin, 2006

[7] *Ohno,Taiichi:* Toyota Production System. Productivity Press, Massachusetts, 1988

[8] *Brunner, Franz J.; Wagner, Karl W.:* Taschenbuch Qualitätsmanagement, 4. Aufl. Carl Hanser Verlag München, Wien, 2008

[9] *Bösenberg, Dirk; Metzen, Heinz:* Lean Management – Vorsprung durch schlanke Konzepte. 2. Aufl. Verlag moderne industrie, Landsberg, 1993

[10] *Shingo, Shigeo:* Das Erfolgsgeheimnis der Toyota-Produktion. Verlag moderne industrie, Landsberg, 1992

[11] *Wildemann, Horst:* Das Just-in-time Konzept: Produktion und Zulieferung auf Abruf. Verlag Frankfurter Allg.Ztg., Frankfurt/M, 1990

[12] *Maurer, Robert:* One Small Step Can Change Your Life. Workman Publishing, New York, 2004

[13] *Suzaki, Kiyoshi:* Die ungenutzten Potenziale. Carl Hanser Verlag München, Wien, 1994

[14] *Ishikawa, Kaoru:* What is Total Quality Control? The Japanese Way. Prentice-Hall, Inc., Englewood Cliffs N.J., 1985

[15] *Brunner, Franz J.:* Wirtschaftlichkeit industrieller Zuverlässigkeitssicherung. Verlag Vieweg, Wiesbaden, 1992

[16] *Hirimoto, T.:* Japanese Management Accounting. Havard Business Review 66 (1988) und Havardmanager 11 (1989)

[17] *Akao, Yoji.:* Hoshin Kanri – Policy Deployment. MIT-Press, Massachusetts, 1991

[18] *Deming, W.E.:* Out of the Crisis. MIT-Press, Massachusetts, 1993

[19] *Matyas, Kurt:* Taschenbuch Produktionsmanagement. Carl Hanser Verlag München 2001

[20] *Liker, J. K.; Meier D.P.:* The Toyota Way – Fieldbook. The McGraw-Hill Companies Inc. New York 2006

[21] *Takeda, Hitoshi:* Das synchrone Produktionssystem. Redline Wirtschaft, Frankfurt am Main, 4. Aufl. 2004

[22] *Suzaki, Kiyoshi:* Modernes Management im Produktionsbetrieb. Carl Hanser, München 1989

[23] *Akao, Yoji:* QFD, Quality Fuction Deployment, Wie die Japaner Kundenwünsche in Qualität umsetzen Moderne Industrie, Landsberg, 1992

[24] *Saatweber Jutta:* Kundenorientierung durch Quality Function Deployment Carl Hanser, München 1997

[25] *Neumärker, I.:* Der Toyota Weg – eine Philosophie des Erfolges: GD^3 und DRBFM als Werkzeuge des Wandels. Seminar Mizenboushi/GD^3, Beherrschen von Entwicklungs- und Änderungsprozessen 03/2006 Eigendruck WZL 2006 Aachen

[26] *Schmitt, R.; Krippner, D.; Betzold, M.:* Geringe Fehlerkosten – höhere Zuverlässigkeit. Mit Mizenboushi Fehler in Entwicklungsprozessen vermeiden. QZ Jahrgang 51 (2006) Nr. 6

[27] *Kleppmann, Wilhelm:* Taschenbuch Versuchsplanung. Produkte und Prozesse optimieren. Carl Hanser, München, 5. Aufl. 2008

[28] *Fukuda, Ryuji:* CEDAC, a Tool for Continuous Improvement. Productivity Press 1990

[29] *Lindner, A; Becker P.:* Wertstromdesign. Pocket Power, Carl Hanser Verlag, München 2010

[30] *Powers, V.J.:* The Toyota Customer Satisfaction Framework, Continous Journey 1/1993

[31] *Sihn W., Sunk A., Nemeth T., Kuhlang P., Matyas K.:* Produktion und Qualität; Organisation, Management, Prozesse. Carl Hanser Verlag 2016 München]

Abbildungsverzeichnis

Stichwortverzeichnis

Symbole

A

B

C

D

F

G

H

I

R

S

T

U

V

W

Z

Autorenprofil

Univ.-Doz. Dipl.-Ing. Dr. habil. Franz J. BRUNNER Dir. i. R.

Als Wirtschaftsingenieur an der TU Graz promoviert, nahm Franz J. Brunner, Jahrgang 1930, fast 40 Jahre lang leitende Positionen in der Fahrzeugindustrie ein: unter anderem als technischer Leiter der Niederlassung der Daimler-Benz AG in Berlin, als technischer Vorstand der Steyr-Daimler-Puch-Hellas AG in Thessaloniki, als Direktor des Zentralkundendienstes und danach als Direktor des Bereiches Qualität und Zuverlässigkeit bei IVECO Spa in Turin.

Franz J. Brunner ist als Dozent am Institut für Managementwissenschaften der TU Wien mit Schwerpunkt Qualitätsmanagement tätig.

Mehr als dreißig Veröffentlichungen, darunter vier Bücher, sind von ihm erschienen.

Als Herausgeber betreut er die im Carl Hanser Verlag erscheinende Praxisreihe Qualitätswissen. Er ist Mitglied der DGQ, EFQM-Assessor, Gründer des Universitätslehrganges Qualitätsmanagement an der Donau-Universität in Krems und Gründer des Forums Qualitätswissenschaften in Wien.